EDF, LE MARCHÉ ET L'EUROPE

L'avenir d'un service public

EDF, LE MARCHÉ ET L'EUROPE

L'avenir d'un service public

par
Jean-Paul Fitoussi

Fayard

Sommaire

Avant-propos

Ce livre est né d'une rencontre avec François Roussely en juillet 2001, au cours de laquelle il me demanda si cela m'intéressait de réfléchir au service public de l'électricité et aux modèles alternatifs d'organisation du secteur. Je lui répondis qu'il était préférable qu'il s'adresse à un spécialiste reconnu du sujet. Mais il souhaitait précisément éviter que la question ne soit abordée de façon trop technique, ses liens évidents avec les problèmes essentiels du temps présent — les rôles respectifs du marché et de l'État, l'avenir des services publics nationaux dans le cadre de la construction européenne, le développement durable — lui donnant une portée générale importante. Il me garantissait de surcroît un libre accès à l'entreprise et à ses personnels ainsi que la liberté de publier, si je le souhaitais, le résultat de mes réflexions, quel qu'il soit.

Le défi était de taille, mais le sujet m'intéressait d'autant plus qu'il me permettait d'approfondir l'un des aspects d'un programme de recherches que j'avais entrepris depuis près de dix ans : les relations entre économie de marché et démocratie. La production, le transport et la distribution de l'électricité ne constituent-ils pas des lieux privilégiés de la rencontre entre préférences individuelles et choix collectifs, entre court terme et (très) long terme, entre régulation marchande et interventions publiques… bref entre marché et démocratie?

Cet ouvrage a bénéficié de la collaboration de très nombreuses personnes. J.-P. Bouttes (EDF), F. Salaün (EDF) et J.-M. Trochet (EDF) m'ont apporté une aide constante et précieuse. Mon travail doit beaucoup aux discussions au sein d'EDF avec P. Bart, J.-P. Benqué, J.-P. Bourdier, J. Chauvin, C. Fontanel, J.-L. Guièze, M. Francony, P. Gaillet, H. Gouyet, G. Gateau, A. Le Maistre, B. Laguerre, B. Lescoeur, A. Le Lorier, H. Machenaud, J.-E. Moncomble, J. Nenert, B. Rogeaux, A. Saab, B. Tinturier, H. Van Den Bulcke et G. Zask. Mes entretiens avec M. Clerc, D. Cohen, B. Léchevin et R. Pantaloni, responsables de différents syndicats de l'entreprise, m'ont permis de mieux cerner et mesurer l'importance des enjeux économiques et sociaux du secteur. Hors EDF, mes rencontres avec M. Boiteux, J-L. Gaffard, F. Henrot, C. Henry, P. Joskow, A.-C. Lacoste, R. Leban, D. Maillard et J. Syrota m'ont permis d'éprouver mes arguments, de les préciser et parfois de les rectifier. Marcel Boiteux, en particulier, a procédé à plusieurs lectures critiques de versions provisoires de ce livre, qui m'ont été des plus utiles. M. Lemoine m'a apporté une aide précieuse en réunissant la documentation nécessaire et en la synthétisant. Que tous en soient remerciés. Mais l'indépendance dont j'ai bénéficié pour écrire ce livre engage également ma responsabilité : les positions défendues sont les miennes et je porte seul la responsabilité des erreurs et imperfections qu'il pourrait contenir.

Les raisons d'un changement

De grandes manœuvres sont en cours dans l'organisation du secteur électrique en Europe. Il est entendu que cette organisation doit changer, qu'elle doit s'adapter aux exigences du grand marché unique, et que par conséquent la main invisible du marché doit se substituer à celle trop visible des États. L'objectif est évidemment celui d'une amélioration du service rendu au client final – consommateurs et producteurs – et donc d'une plus grande efficacité économique des productions européennes. Ce livre a pour objet d'analyser ces évolutions, d'en supputer les conséquences possibles pour EDF comme pour les usagers du service public de l'électricité, en même temps que de proposer des voies de réformes qui permettraient à la fois de créer dans les faits un grand marché européen de l'électricité et à EDF de s'y développer. L'optique de ce livre est celle de l'intérêt général, qui y constitue le seul critère d'évaluation des propositions alternatives de réforme. Il faut en effet, sous peine de paralysie, transcender le débat ou plutôt le face-à-face stérile entre les inconditionnels de la gestion des services publics comme monopole de l'État, et les inconditionnels de la gestion concurrentielle privée de ces services. Le changement est inévitable, mais il n'existe aucun modèle qui permette d'en indiquer de façon univoque la direction. Le fil d'Ariane qu'il convient de suivre est donc celui de l'intérêt général, et il implique que l'on se tienne à saine distance des doctrines servies clefs en main, dont la simplicité théorique contraste avec la complexité du monde dans lequel on prétend pouvoir les appliquer. Quels types de régulations et quels types de gouvernance d'entreprise seront les mieux adaptés à un secteur aussi essentiel au bien-être des générations présentes et à venir, et à l'indépendance des nations (de l'Europe) ? Autant de questions essentielles auxquelles il faudra tenter d'apporter réponse.

L'OUVERTURE : UN CHOC D'OFFRE POSITIF ?

Quels sont les défauts actuels du système auxquels l'ouverture à la concurrence est censée remédier ? L'inefficacité est celui qui est le plus souvent évoqué : le secteur serait en effet caractérisé par des surcapacités (faible productivité du capital), une consommation excessive de ressources énergétiques et une faible productivité du travail. La gestion passée des opérateurs historiques, protégés sur leurs marchés, a conduit un peu partout à un surinvestissement et donc à un gaspillage de ressources. La concurrence est, en ce cas, une réponse, mais elle implique alors des déclassements de capital, des réductions d'effectifs et des concentrations. Cela permettrait d'accroître l'efficience productive du secteur, certes, mais à condition qu'à court terme déjà, des régulations existent qui soient suffisamment efficaces pour éviter ou limiter les pouvoirs du marché et les niches réglementaires. L'ouverture à la concurrence dans un marché en croissance faible, et en surcapacité, est peu propice à l'émergence de nouveaux acteurs — sauf sur certaines niches en développement; elle conduit à la concentration, aux économies de combustibles et à la réduction des effectifs, bref à la restructuration du secteur. Et il faut convenir que dans tous les pays les opérateurs historiques sont appelés à rester dans un avenir prévisible en position de domination. Il existe bien des marchés lointains à conquérir, et la croissance externe demeure une opportunité pour les grands opérateurs mais, en Europe, l'accroissement de l'efficience de la production produira les effets attendus qui viennent d'être évoqués [1].

L'électricité étant un élément important du coût de nombreuses activités, une meilleure gestion du secteur aurait les mêmes conséquences qu'un choc d'offre positif. La Commission européenne fait état d'un gain potentiel de 10 à 12 milliards d'euros, qui résulterait d'une complète libéralisation du marché européen de l'électricité (*Fourth Report of the Competitiveness Advisory Group*, Commission européenne, décembre 1966) [2]. Il faut croire que des gains importants aussi étaient attendus de la libéralisation du secteur en Californie, ou de la libéralisation des chemins de fer au Royaume-Uni... Si je cite ces exemples, ce n'est pas pour indiquer que ce livre adoptera d'emblée une position antilibérale, mais pour souligner que les gains que l'on peut attendre de la libéralisation ne sont pas indépendants de la façon dont on la met en œuvre et les résultats du processus ne sont pas écrits à l'avance. Ce n'est malheureusement qu'a posteriori que l'on pourra évaluer la réalité des bénéfices que les décisions en cours nous permettent d'espérer. Et ces bénéfices seront très différents selon la situation de départ, plus ou moins satisfaisante, des pays européens.

« Depuis l'acte unique européen de 1987, la Commission européenne s'est engagée à réaliser la libéralisation des industries européennes de réseau. En vérité, sans les efforts de la Commission, il aurait été extrêmement improbable que l'économie européenne bénéficie autant des changements qui ont affecté les industries de réseau[3]. » L'intégration des marchés est en effet un élément essentiel de la construction européenne, celui de l'électricité comme les autres, et les modalités pour y aboutir ne sont pas très nombreuses.

L'électricité est un « bien primaire » au sens de Rawls, c'est-à-dire essentiel à la vie des gens, et les collectivités nationales se doivent d'en garantir la distribution à chacun. C'est pourquoi on ne change pas un système pour la seule raison que les autres le font, mais pour répondre à l'évolution des besoins, pour mieux l'adapter aux autres évolutions en cours et à celles que l'on suppute pour l'avenir. Il faut donc au préalable savoir quels problèmes on veut résoudre, à quelles questions le changement de système doit apporter réponse. Ce n'est pas parce que « l'ouverture du marché de l'électricité est inexorablement engagée en Europe » qu'elle constitue la meilleure des réponses aux problèmes rencontrés par l'organisation actuelle du secteur électrique dans notre région. Ces problèmes n'ayant pas été inventoriés, en tout cas pas de façon systématique, on peut avoir l'impression que l'Europe a trouvé des réponses sans s'être posé de questions ! Il faut se méfier des effets de mode, et surtout des effets de modèle, dans une industrie dont le long terme, le très long terme même, est l'horizon naturel.

POUR UN APPROFONDISSEMENT DU DÉBAT

Deux questions méritent d'être posées à ce stade : pourquoi changer ? et comment ? Penser que le comment (la libéralisation) suffit à justifier le pourquoi (gagner 10 à 12 milliards d'euros) est une vision un peu courte. Les secteurs nationaux de l'électricité en Europe n'ont généralement pas connu de graves dysfonctionnements dans le passé et l'ouverture des marchés à la concurrence n'est que le préambule de la réponse à la question du comment. Car il faudrait aussi définir les règles de fonctionnement du secteur, les missions et les pouvoirs des institutions en charge de les faire appliquer. Sinon, les espoirs de gains pourraient vite devenir illusoires. Dès lors, la question du pourquoi devient autrement plus sérieuse. On sent confusément que l'on doit changer parce que, en outre, la Commission européenne a imposé une exigence de changement. Mais malheureusement le débat du pourquoi n'a pas vraiment lieu. Si cela avait été le cas, l'ouverture s'imposerait à tout le monde. Il demeure donc deux camps, celui des pour et celui des contre, sans que l'on sache très bien ce qui motive réellement leurs positions respectives. Un vrai débat aurait au moins le mérite de permettre à certains de revoir leur position, de trouver des options moins naïves que le refus ou l'adhésion et de mieux éclairer les modalités du changement proposé.

Par exemple, que valent les arguments en faveur du

changement évoqué dans le rapport de la Fondation Concorde[4], et que l'on peut résumer ainsi : 1) «qui n'avance pas, recule» : la France ne peut rester à l'écart de la transformation du secteur, «les enjeux du passé – la reconstruction, l'indépendance énergétique – n'étant plus ceux de demain»; 2) la croissance de la demande est faible, les investissements de production à l'arrêt, les forces dynamiques d'EDF sans emploi; 3) la globalisation et l'ouverture du marché européen imposent qu'EDF se développe à l'extérieur et dans d'autres secteurs; 4) peut-on avoir raison contre le reste du monde?

Cet argumentaire, même s'il peut sembler a priori raisonnable, n'est pas suffisamment étayé pour emporter la conviction. Car l'alternative ne se situe pas entre l'immobilisme et la privatisation, entre le statu quo et le développement. Il est de nombreuses voies de développement qu'EDF (entreprise publique) pourrait emprunter, de nombreuses voies qu'elle a déjà empruntées. S'il apparaissait que l'insuffisance d'ouverture du marché ou le statut juridique de l'entreprise constituent des obstacles pour suivre les voies les plus productives dans l'intérêt général, comme dans celui de l'entreprise, dans ce cas, on tiendrait un argument essentiel en faveur de la privatisation. En d'autres termes, il faudrait, pour emporter la conviction, comparer entre eux différents modes de développement de l'entreprise, et choisir alors en toute connaissance de cause. Il faut savoir, notamment, construire l'avenir sur les avantages comparatifs que l'expérience passée a permis de capitaliser, en même temps qu'imaginer les «avantages comparatifs dynamiques» que l'entreprise pourrait développer dans l'avenir. Un exemple permettra de mieux illustrer ce point. EDF pourrait jouer un rôle majeur en aidant à l'électrification des pays émergents dont les besoins sont considérables, et les marchés en forte expansion. Quel statut permettrait le mieux d'assurer cette mission ? Celui d'une entreprise privée, d'une entreprise publique, ou de l'«entreprise du troisième type[5]» que nous proposerons ici ? Ne pourrait-on pas penser qu'une entreprise publique ou du troisième type – ayant au centre de ses préoccupations l'intérêt général, et bénéficiant d'une expérience réussie dans son propre pays – serait plus crédible auprès de ces autres pays qu'une entreprise privée ? La crédibilité est un atout majeur qui vient du passé et qu'une transformation trop radicale, vers un développement tous azimuts dans des métiers pour lesquels l'entreprise ne dispose pas ou pas encore des compétences nécessaires, pourrait contribuer à faire perdre.

LE PRINCIPE DE PRÉCAUTION APPLIQUÉ AUX ÉVOLUTIONS DOCTRINALES

Ce n'est donc pas parce que tout le monde se convertit à une nouvelle doctrine que celle-ci est nécessairement bonne. Mais résister à l'air du temps est devenu de plus en plus difficile. Plus le nombre de convertis est élevé, plus la pression sur les agnostiques augmente, et plus il est facile de les accuser de conduire un combat d'arrière-garde. Une doctrine dominante est comme un langage : il convient de le parler si l'on veut être compris et écouté. La France aujourd'hui fait figure, à tort ou à raison, d'empêcheuse de tourner en rond, de dernier bastion de la résistance contre les idées nouvelles, bref, de gardienne d'une idéologie archaïque (étant entendu qu'on appelle idéologie la doctrine à laquelle on n'adhère pas).

Vous avez dit «service public», c'est donc que vous êtes français, car ailleurs on parle de service universel. Le service public, conçu initialement comme moyen d'éviter la captation de la rente provenant de l'exploitation d'un monopole naturel, est aujourd'hui accusé d'être le procédé par lequel le secteur public détourne la rente à son profit et au détriment des populations. La vague doctrinale est donc irrésistible, et ce, d'autant plus que sa force est accrue dans le contexte européen, car les doctrines y sont cristallisées dans des traités et des directives. S'agissant d'un bien aussi essentiel que l'électricité, et parce que des décisions politiques ont déjà été prises, il convient donc de ne pas s'y opposer, mais de rechercher des solutions qui autorisent une certaine réversibilité.

C'est le principe de précaution appliqué aux évolutions doctrinales car, à vrai dire, on ne sait pas si la libéralisation du secteur de l'électricité augmentera l'efficacité de l'économie et le bien-être des sociétés européennes. Ce que l'on sait c'est que, pour que ce soit le cas, il faudrait que la régulation publique du secteur soit paradoxalement très contraignante et très souple, évolutive et réactive – tout cela, sans nuire aux intérêts à long terme des entreprises et des populations. On sait aussi que pour l'instant une telle régulation optimale n'existe pas, et que les autorités qui en ont la charge sont soumises à un processus d'apprentissage, dont on espère qu'elles tireront grand profit. On sait enfin que la recherche économique sur le sujet est aujourd'hui traversée de controverses, d'incertitudes et de nombreuses insatisfactions. En conclusion d'un article intitulé « The trouble with electricity markets : understanding California restructuring disaster[6] », Severin Borenstein, pourtant très favorable à la libéralisation, écrit : « Ces États et pays qui n'ont pas encore emprunté le chemin de la dérégulation de l'électricité seraient avisés d'attendre, pour tirer les enseignements des expériences en cours en Californie, à New York, en Pennsylvanie, en Nouvelle-Angleterre, en Angleterre et au Pays de Galles, en Norvège, Australie, et ailleurs. Les difficultés rencontrées jusqu'à présent ne doivent pas cependant être interprétées comme la défaillance de la restructuration, mais comme les éléments d'un processus d'apprentissage vers une industrie électrique dont on peut penser qu'il est encore probable qu'elle serve mieux les intérêts de ses clients que les approches du passé[7]. »

Ce que les remarques précédentes soulignent, c'est que les raisons et, surtout peut-être, les modalités des changements introduits dans le secteur électrique dans la dernière décennie ont été débattues de façon très superficielle et pour le moins insuffisamment réfléchie. Car il s'agit d'un secteur où la mise en œuvre d'une concurrence effective par le moyen d'une autorité de régulation de la concurrence n'est pas, à la différence des autres secteurs, suffisante pour produire les résultats attendus. Il serait, par exemple, illusoire d'attendre du marché de l'électricité qu'il fournisse les signaux requis pour que les investissements nécessaires soient réalisés. La panne d'électricité à New York et dans le Nord-Est de l'Amérique de l'été 2003 nous le rappelle opportunément. Si une organisation monopolistique du secteur (qu'elle soit publique ou privée) avait dans la plupart des cas conduit à l'installation de capacités excédentaires de production, il est plus que probable qu'une organisation concurrentielle conduise à une alternance de phases de sur- et sous-investissement. Or un sous-investissement a des conséquences autrement plus dommageables : rupture d'approvisionnement, augmentation et volatilité considérable des prix, notamment. Cela signifie que la régulation du secteur n'a pas pour seul objet, ni même pour principal objet, de faire régner une « juste concurrence » (*fair competition*) : elle doit aussi veiller à la sécurité de l'approvisionnement, à la continuité du service public et à la mise en œuvre des politiques publiques de protection de l'environnement et d'indépendance énergétique.

EDF ET LE CHANGEMENT

Premier électricien européen, disposant d'un net avantage compétitif en raison des sources d'énergie qu'il utilise (le nucléaire et l'hydraulique), EDF n'a pas attendu la conjoncture actuelle pour évoluer. Le groupe EDF est aujourd'hui en effet présent dans la plupart des pays de l'Union européenne (30 filiales) et occupe dans chacun de ces pays la troisième ou la quatrième place. La stratégie de croissance externe conduite par EDF pour préparer l'avenir – une adaptation à la concurrence – conduit à un paradoxe apparent. Les États privatisent et/ou désintègrent leurs opérateurs historiques, et c'est un autre opérateur historique, public de surcroît, qui se permet de les racheter. Le paradoxe n'est qu'apparent car ce qui importe n'est pas la nature de la propriété du capital, mais les règles de la concurrence. On pourrait objecter qu'EDF ne pouvant être privatisée, ne fût-ce que partiellement, une dissymétrie potentielle sépare les acteurs, l'un d'entre eux étant assuré de sa pérennité, alors que les autres peuvent disparaître par absorption.

On perçoit déjà que cette stratégie a des limites dans le cadre du statut actuel de l'entreprise. Même si les traités européens n'obligent en rien à la privatisation, les États-nations réagissent. Le gouvernement italien a fortement limité les droits de vote accordés à EDF dans Italenergia pendant que le gouvernement espagnol a, lui aussi, édicté des règles contraignantes à l'occasion de l'acquisition d'une part de capital d'Hidrocantabrico par EnBW, filiale d'EDF. Si cette attitude venait à se généraliser, elle conduirait à un nouveau paradoxe : EDF deviendrait propriétaire sans contrôle de nombre d'entreprises européennes, ou pour dire les choses autrement, EDF participerait au financement de l'expansion d'autres entreprises, sans pouvoir en influencer la stratégie. Dans ces conditions, la logique d'une politique de croissance externe aussi singulière devient difficile à comprendre. Certes, la réciprocité peut être obtenue d'une autre manière, par la cession d'actifs réels ou «virtuels» de production, comme ce fut le cas lors de l'acquisition par EDF en 2000 d'une part du capital d'EnBW (la réciprocité de droit ne fait pas partie des règles du marché européen). Mais cela signifie alors que la croissance externe s'accompagne d'une décroissance interne, et les termes de l'arbitrage doivent être soigneusement soupesés.

Pourtant, quelle que soit la nature future de son capital, et malgré les obstacles qu'elle rencontre aujourd'hui en raison des ambiguïtés qui continuent de peser sur son statut à venir, EDF n'a pas vraiment le choix d'une autre stratégie : elle doit poursuivre une politique dont l'une – mais seulement l'une – des dimensions est une croissance externe maîtrisée. Une grande transformation a déjà eu lieu et est en cours d'approfondissement : l'entreprise «EDF – secteur électrique-service public» – a vécu. C'est-à-dire qu'EDF ne peut plus et, surtout, ne pourra plus être confondue ni avec le seul secteur de l'électricité, ni avec le service public français. L'ouverture du marché signifie que des décisions politiques ont été prises, qui font d'EDF une entreprise parmi d'autres en charge du service public français de l'électricité. Qu'elle soit publique, privée, ou du troisième type au sens que nous définirons dans ce rapport, elle doit adapter son comportement à la nouvelle donne, étendre son périmètre d'activité à de nouveaux territoires. Entreprise publique sur un marché concurrentiel qui s'européanise et même se mondialise, soumise comme les autres au droit de la concurrence, sa légitimité est de servir au mieux les intérêts de son actionnaire unique – en participant à l'amélioration de la qualité du service public et en lui assurant un rendement satisfaisant.

Dit autrement, ses objectifs ne seraient pas très différents de ceux d'une entreprise privée. Lui imposer des contraintes supplémentaires du fait de son statut d'établissement public la mettrait dans une situation compétitive difficile qui, à terme, nuirait aux intérêts de son actionnaire, c'est-à-dire la collectivité. Imposer à elle seule des contraintes non compensées financièrement créerait des distorsions de concurrence contraires au droit européen.

La thèse soutenue dans ce livre est que la double ouverture – celle des marchés et celle du capital de l'entreprise – loin de représenter une contrainte à laquelle il faut s'adapter à contrecœur, offre de nouvelles opportunités pour faire progresser à la fois le service public et le développement d'EDF. Il dépend de l'intelligence de la réforme de l'entreprise et des règles du jeu, que ces opportunités se révèlent profitables.

L'ouverture des marchés s'inscrit logiquement dans la perspective de l'intégration européenne, celle du marché unique. Elle exige pour produire ses effets les plus favorables que la régulation s'effectue à l'échelle européenne, et qu'elle intègre l'ensemble des objectifs politiques qui doivent présider à l'organisation du secteur électrique : service public, perspective de long terme en matière d'investissement, indépendance énergétique, protection de l'environnement. Mais d'une part, la régulation du secteur est en soi complexe et les règles optimales n'ont pas encore été découvertes, comme j'ai déjà eu l'occasion de le souligner et, d'autre part, les gouvernements européens ne se sont pas (pas encore ?) accordés sur ces objectifs politiques. Il en résulte pour l'instant un marché « unique » segmenté en autant de régulations nationales qu'il y a de pays dans l'Union européenne. Cet état de choses n'incite pas à s'en remettre totalement au marché[8] en raison des incertitudes qu'il suscite. Mais il n'incite pas non plus à s'en remettre totalement aux gouvernements. L'absence de projet politique de long terme sur l'avenir du secteur électrique sert l'opacité de la gestion publique, dont on sait que l'une des motivations est de privilégier le court terme. En d'autres termes, la gestion publique, comme privée, est susceptible des mêmes dysfonctionnements : privilégier le court terme dans une industrie où le très long terme est le cadre obligé de pensée. Cette double incomplétude des marchés et de la politique – que l'entreprise soit entièrement publique ou privée – conduit à une très faible prise en compte des intérêts des « parties prenantes » non représentées (les *stakeholders*), mais qui auront à supporter les conséquences des dysfonctionnements du secteur : usagers, générations présentes et futures, etc. L'ouverture du capital peut alors, à certaines conditions qui seront énumérées dans ce rapport, forcer la prise en compte de ces intérêts. Elle devrait permettre l'évolution d'EDF vers une entreprise du troisième type, c'est-à-dire une entreprise dont le mode de gouvernance permet de mieux prendre en compte les intérêts de l'ensemble des parties prenantes. L'hypothèse de la bienveillance de l'État, qui établit la supériorité de la gestion publique, comme l'hypothèse de la bienveillance du marché (la main invisible) qui établit la supériorité de la gestion privée, ne résistent pas à un examen attentif des faits. Mais cela ne doit pas étonner, car la bienveillance n'est pas une qualité que l'on peut supposer d'emblée, mais la propriété d'un système qu'il convient d'organiser. Ce système me semble correspondre le mieux à une organisation d'entreprise du troisième type, qui combine gestion publique et gestion privée, aux fins à la fois d'éviter les dysfonctionnements de l'une et de l'autre et de bénéficier de leur complémentarité. Une condition nécessaire à cette évolution est l'ouverture du capital mais, comme on le verra par la suite, elle n'est pas suffisante, d'autres conditions devront être satisfaites.

C'est pourquoi il ne faut pas voir dans la construction de l'entreprise du troisième type que je propose une simple adaptation aux contraintes que ferait peser sur la France la tutelle européenne. Elle est indépendante de ces contraintes, au sens où même si elles n'existaient pas, l'intérêt général serait mieux servi par un statut et des missions de l'entreprise évoluant de la manière indiquée ici. C'est qu'en effet, l'extension de la notion de service public pour intégrer les préoccupations du développement durable, l'exigence de la transparence des débats et de la gestion, la nécessité d'assurer les clients-usagers contre les défaillances et du marché et de la régulation, apparaissent possibles et mieux satisfaites dans le cadre d'une entreprise du troisième type que dans celui d'un établissement public ou d'une entreprise privée. Comme ce livre tente de le démontrer, il ne s'agit pas là d'une solution médiane appelée à susciter le consensus, mais, au contraire, d'une solution originale susceptible de pallier à la fois les dysfonctionnements du marché et ceux de la politique. Le contexte actuel sert bien ce projet. Il a en effet mis au jour les dysfonctionnements majeurs de la gouvernance des entreprises telle qu'elle est pensée dans le cadre de l'organisation actuelle du capitalisme. Les débats en cours, les réglementations déjà mises en œuvre pour y remédier – surtout aux États-Unis – montrent que le système capitaliste est à la recherche d'autres modes de gouvernance qui à la fois permettent un meilleur contrôle tout en protégeant mieux l'intérêt des différentes parties prenantes. La gouvernance des entreprises privées devrait dans le futur être assez différente de ce qu'elle est aujourd'hui. Les dysfonctionnements de la régulation dans le secteur de l'électricité (Californie, Enron, British Energy, etc.) sont de nature à instiller le doute : si la concurrence dans le secteur de l'électricité n'est ni impossible à mettre en œuvre, ni sans intérêt, elle n'est pas non plus sans poser problème, au même titre que l'absence de concurrence. L'entreprise du troisième type représente une réponse à la fois au problème de la gouvernance et à celui de la régulation.

Notes

1. L'élimination des surcapacités est-elle souhaitable? La réponse est oui, mais jusqu'à un certain point seulement; car il faut pouvoir faire face aux aléas. Et ce point ne peut être spontanément trouvé par le marché, c'est-à-dire qu'il ne peut être laissé au seul droit de la concurrence. Il y faut une régulation spécifique (sans être nécessairement «directe» sur les prix et investissements) pour veiller au bon ajustement des investissements en moyen de pointe et en moyen de base.

2. Il est plus que probable que ce gain (qui n'est d'ailleurs pas considérable à l'échelle européenne) sera très inégalement réparti, l'organisation des secteurs électriques des différents pays d'Europe n'étant pas également satisfaisante. Les pays dont le système existant est le plus efficace ont le moins à y gagner et l'on pourrait comprendre que leur incitation au changement soit faible.

3. *A European Market for Electricity?*, Center for Economic Policy Research, octobre 1999, p. 2.

4. *EDF : libérer l'énergie, garantir l'avenir.* Rapporteur : Forum des ingénieurs et scientifiques pour la réforme de l'État, 2ᵉ édition, 5 mai 2002.

5. J'emprunte cette terminologie à G. Archier et H. Sérieyx, *L'Entreprise du troisième type*, Seuil, 1984. Je définirai plus précisément le concept au chapitre 4.

6. *The Journal of Economic Perspectives*, hiver 2002.

7. *Ibid.*, p. 210.

8. Les entreprises recherchent normalement la maximisation de leur profit sous contrainte de la technologie, de la régulation, de la réglementation, etc. Une évolution de la réglementation et/ou de la régulation – dont on perçoit qu'elles sont inévitables en raison du processus d'apprentissage et de la négociation politique sur les autres objectifs politiques de la régulation – risque de transformer de bonnes décisions à législation constante en mauvaises en raison de l'évolution des modes de régulation. Une telle incertitude est particulièrement défavorable à l'investissement et risque de susciter de la part des entreprises une attitude privilégiant encore davantage le court terme.

CHAPITRE 1

Modèles théoriques et modèles concrets : il n'existe pas de « modèle universel »

SERVICES PUBLICS ET CONCURRENCE

« Ce que l'on appelle aujourd'hui service public à la française n'est ni une doctrine, ni un modèle d'organisation entièrement français. Dans son usage actuel, l'expression désigne des modalités d'organisation : celles qui consistent à confier l'exécution des services publics en réseaux à des monopoles publics, le plus souvent nationaux, dont les salariés bénéficient d'un statut particulier. Cet usage est doublement impropre[1]. » Le rapport Saint-Marc est fondé sur la distinction entre missions de service public et modalités d'organisation. Et, en effet, selon la logique du rapport Nora, les missions de service public peuvent parfaitement relever d'un financement public spécifique avec mise en concurrence des prestataires de service. Cette dissociation, pour logique qu'elle apparaisse, n'est pas toujours évidente à mettre en œuvre. Elle peut engendrer dans certains secteurs des coûts de transaction considérables et elle exige une organisation dont la complexité peut être telle qu'elle ferait perdre, de fait, les bénéfices escomptés de la concurrence. Le choix entre monopole public (ou privé d'ailleurs) et mise en concurrence des prestataires de service n'est donc pas un choix doctrinal mais empirique, dont le critère final devrait être l'intérêt des usagers des services publics. Il peut donc donner lieu à des réponses différentes selon les secteurs considérés et l'importance des coûts de transaction tout comme la complexité de leur organisation.

Dans leur configuration actuelle, les services publics français, notamment les transports et l'électricité, ont à l'étranger, en particulier dans les pays anglo-saxons, une excellente réputation. Trois avantages leur sont généralement reconnus : la qualité du service, sa sécurité pour l'usager et l'avance technologique des entreprises qui le produisent. Paradoxalement, pourtant, cette évaluation favorable n'est pas prise en compte lorsqu'il s'agit de penser l'organisation générale des services publics de l'avenir. Dérégulation, concurrence et privatisation apparaissent alors comme les seules voies du futur, les seules à même de promouvoir l'efficacité. Cette contradiction vient de ce que les observateurs, au lieu de comparer entre eux des systèmes concrets, procèdent à une comparaison entre un système existant – par exemple le système français – et un système théorique, le marché (assisté d'une autorité de régulation efficiente pour tenir compte des particularités des secteurs concernés). La balance penche alors inéluctablement en faveur du système théorique – les économistes s'étant attachés à établir une longue liste d'hypothèses exigeantes pour que, précisément, le système de marché fonctionne de façon efficiente. Peu importe que l'organisation concrète d'un secteur dans un pays donné soit satisfaisante, puisqu'il existe toujours, en théorie, une organisation alternative qui, si toutes les conditions étaient remplies, lui serait supérieure. Bref, le présupposé consiste à dire que la concurrence, sans que l'on fasse le départ entre concurrence effective et concurrence théorique, est toujours et partout préférable, quelle que soit l'activité concernée.

Or, s'agissant du secteur de l'électricité, aucun pays au monde n'a encore vraiment fait l'expérience de la mise en œuvre d'un système concurrentiel de marché — du moins selon les canons de la théorie, et sur une période suffisamment longue pour que l'expérience soit concluante. Certes, les pays anglo-saxons se sont engagés dans une transition vers le marché.

Commencée en 1990 au Royaume-Uni, cette transition semble avoir donné de bons résultats entre 1996 et 2000 grâce à un régulateur puissant et très interventionniste. Mais, d'une part, les règles viennent d'en être changées et, d'autre part, une période aussi brève ne permet en rien de juger de l'efficacité à moyen et long terme d'un système régissant une activité dont les investissements ont une durée de vie supérieure à trente années. Enfin et surtout, le secteur électrique anglais connaissait — et c'est un euphémisme — de si pauvres performances que toute réforme intelligente ou même de bon sens, quelle qu'en soit l'inspiration doctrinale, ne pouvait qu'en améliorer l'efficacité. Le cas de British Energy aujourd'hui (la quasi-faillite de l'entreprise) incite cependant à penser que ce sont les considérations de très long terme qui ont été insuffisamment prises en compte[2].

En revanche, le système américain de monopoles régulés intégrés verticalement se caractérise, en moyenne, par de bonnes performances – notamment en matière de prix et d'investissement –, en dépit de son hétérodoxie par rapport au modèle de référence du marché concurrentiel. Les réformes déjà entreprises et en cours de discussion sont-elles susceptibles d'améliorer ces performances? Les avatars de la Californie permettraient d'en douter, mais le sérieux des discussions et la vivacité des débats, en même temps que le pragmatisme qui caractérise les interventions publiques aux États-Unis, peuvent conduire à davantage d'optimisme. Bien qu'étant le pays le plus gros producteur de doctrines (économiques) du monde, les États-Unis gardent une saine distance par rapport au modèle dominant, ce qui garantit que les décisions prises, lorsque leur mise en œuvre se heurte à des difficultés, soient susceptibles d'être révisées.

Jusqu'à la fin des années 1980, les dysfonctionnements des secteurs nationaux de l'électricité, tant au Royaume-Uni que dans certains États américains comme la Californie, ont surtout été la conséquence de décisions politiques prises dans l'urgence du court terme, plus que de problèmes inhérents au mode d'organisation. Aussi, ces exemples prouvent que le postulat de la bienveillance de l'État n'est pas aussi fondé que certains le disent, et que la gestion publique peut susciter des dysfonctionnements indépendants du mode d'organisation du secteur. Ils sont ainsi le reflet des échecs de la politique, plutôt qu'un échec du politique. La fonction centrale du politique est, en effet, de mettre en scène l'avenir, de dessiner le long terme, alors que les échecs de la politique ont une structure analogue aux défaillances de marché : un horizon temporel trop court dans une activité où les considérations de long terme doivent l'emporter.

LA CONCURRENCE EFFECTIVE

Il n'existe donc pas à proprement parler de modèle empirique. Les caractéristiques techniques du secteur rendent virtuellement impossible l'existence d'une concurrence parfaite. Le coût des imperfections de la concurrence doit alors être comparé au coût des imperfections du système que l'on veut réformer. La question devient celle du degré de concurrence que l'on juge satisfaisant, et de sa mise en œuvre. Il s'agit chaque fois d'un jugement empirique, au cas par cas. Sont à prendre en compte l'analyse des conditions initiales de fonctionnement du secteur en même temps que la complexité de la mise en œuvre et de la gestion du système que l'on souhaite mettre en place. Il n'est donc pas étonnant qu'il existe à peu près autant de modes d'organisation que de pays ; certains d'entre eux, comme les États-Unis, présentant une pluralité de systèmes. Partout aussi, et notamment dans ce dernier pays, quelle que soit l'intelligence des règles mises en place, leur incomplétude exigera l'intervention du politique pour les faire évoluer, ou éventuellement pour les changer. Cela induit une vision moins naïve des relations entre État et marché. Récemment, cette prise de conscience a même été, aux États-Unis, à l'origine d'une hypothèse plus audacieuse : pour éviter à la fois les défaillances de la politique et les défaillances du marché, ne faudrait-il pas penser à une organisation où, à côté de l'État, du marché et du régulateur, existerait un comité d'experts (de sages) «bienveillants» en charge de la surveillance du système et des intérêts à long terme des populations? Cette proposition, bien qu'elle ait le mérite de souligner les complexités présentes et à venir de l'organisation du secteur, tient de l'illusion technocratique, car, comme on le verra par la suite, la «bienveillance» n'est pas une hypothèse que l'on peut poser d'emblée, mais au contraire, la propriété d'un système qu'il convient d'organiser.

Bref, il serait illusoire de penser, compte tenu des caractéristiques techniques particulières du secteur, qu'un marché concurrentiel puisse naître spontanément de la dérégulation et de la libéralisation. L'organisation d'un marché de gros concurrentiel pose des défis techniques considérables qui exigent qu'elle soit dessinée par des institutions extérieures au marché, avec les qualifications requises et sous la responsabilité des gouvernements. Cette complexité inhérente aux caractéristiques physiques de l'électricité montre bien que l'alternative ne se situe pas entre un monopole régulé et un marché concurrentiel, mais entre différentes formes de marchés imparfaits et administrés, que le régulateur et la puissance publique auront pour mission de faire évoluer vers les formes les plus à même de satisfaire aux intérêts des consommateurs et aux missions de service public. Cette indétermination des règles futures d'organisation des marchés est due à la nouveauté d'une situation : la transition vers le marché est une chose inédite, ce qui oblige à ce que l'organisation mise en place doive être réformée, au fur et à mesure que son fonctionnement effectif révélera des défaillances. Les offreurs ont en effet des pouvoirs de marché significatifs qui, parce que l'électricité ne peut pas être stockée et que sa demande n'est pas élastique, peuvent conduire à une extrême volatilité des prix. Les autorités doivent se tenir prêtes à intervenir, non seulement pour réformer le système mais aussi parfois pour prendre des mesures d'urgence destinées à éviter des hausses de prix trop importantes, en cas de circonstances extrêmes.

Le paradoxe est que l'introduction du marché nécessite l'intervention de l'État pour définir et faire évoluer les règles, mais que l'instabilité de ces dernières est défavorable aux investissements efficaces, alors même que les décisions d'investissements (construction et/ou maintenance lourde) constituent l'outil privilégié des gains de productivité du secteur électrique à moyen et long terme.

Une réforme modèle n'est donc pas une réforme selon un modèle préexistant mais une évolution prenant en compte le changement des circonstances technologiques, juridiques et internationales, qui déterminent le devenir du secteur.

Quelles sont ces circonstances? Comme le souligne en substance Paul Joskow dans un article sur la régulation du marché de l'électricité aux États-Unis, les développements récents ont fait passer l'industrie mondiale de l'électricité d'une activité caractérisée par un grand nombre de monopoles locaux et nationaux à une industrie qui évolue vers de grandes firmes multinationales investissant et offrant leurs compétences partout dans le monde. Certes, la concentration des constructeurs de centrale et des clients industriels a précédé le mouvement, mais elle lui a en même temps ouvert la voie. L'internationalisation du secteur, la mise en concurrence continentale ou mondiale d'une partie de ses métiers, et l'extension de l'ouverture des marchés finals, peut-être à la clientèle domestique en Europe, constituent des tendances incontournables dans les dix à quinze ans à venir, en dépit d'événements tels que la crise californienne ou la faillite d'Enron. Le marché est aujourd'hui mondial pour la production indépendante. Il devient continental pour les producteurs-« traders » d'énergie et l'est déjà pour la fourniture aux clients industriels multisites, soucieux d'optimiser leurs achats d'électricité et la gestion locale de services énergétiques complémentaires. L'expérience des pays émergents et des USA ouvre également la voie à une internationalisation du développement et de l'exploitation du transport. Les besoins des pays en développement en matière d'organisation, de technologie et de capitaux privés sont considérables et constituent un aiguillon supplémentaire au développement du marché.

Les directives européennes concernant l'ouverture et l'organisation de la concurrence sur les marchés nationaux, même si elles poursuivent d'autres objectifs, vont dans le même sens. La logique du marché unique risque même, en Europe plus qu'ailleurs, de cristalliser les règles, le va-et-vient nécessaire entre la définition politique des règles et leur application par des autorités de régulation étant nécessairement un processus lent. Il existe donc une contrainte, en même temps qu'une opportunité d'évolution, dont EDF devrait tirer parti.

UNE SINGULARITÉ D'EDF : CONJUGUER
LES AVANTAGES DU MARCHÉ CONCURRENTIEL
ET CEUX DU MONOPOLE PUBLIC

Sur le plan théorique, il existe deux modèles, celui du monopole régulé et celui de la concurrence imparfaite. Le premier ne peut se concevoir qu'au niveau local et national. L'internationalisation pousse donc, quels qu'en soient les mérites, vers le second. Or la particularité du système français est d'avoir tenté de conjuguer les avantages du monopole public régulé et ceux du marché. Les premiers avantages sont associés à la conception classique du service public – continuité, égalité, adaptabilité – et supposent une vision du long terme, une prise en compte des intérêts stratégiques du pays et des exigences de la cohésion sociale et territoriale. Les seconds se lisent dans des structures de tarification très proches de celles qui auraient été appliquées dans le cadre d'un marché efficient, et qui permettent aux industriels de payer un prix de concurrence. Selon Paul Joskow, «EDF offre la structure de tarifs de détail la plus sophistiquée au monde pour les gros clients industriels. Les performances des entreprises américaines sont beaucoup moins impressionnantes[3]». Ainsi, d'une certaine manière, EDF, monopole public, a aussi une culture de marché.

Mais il faut apporter quelques bémols à cette peinture idyllique du système français qui tiennent à son caractère public. La gestion d'une entreprise technique se prête à certaines opacités qui peuvent rendre son contrôle par ses actionnaires particulièrement difficile, et ce, d'autant plus que le critère de profit n'est pas le seul qui prévale ni le plus important pour apprécier la qualité de la gestion de l'entreprise. D'autre part, dans le cadre d'un monopole public, la contrainte budgétaire de l'entreprise est forcément «molle», dans le sens où le soutien de l'État permet de socialiser les conséquences financières des erreurs de gestion. Certains ont vu là une des explications des surcapacités de production qui caractérisent le secteur en France[4]? Symétriquement, la tutelle de l'État peut parfois imposer des contraintes additionnelles fondées sur des préoccupations de court terme susceptibles de réduire l'efficacité du système. Il est fort probable que ces trois types de dysfonctionnements ont joué un rôle dans l'évolution du secteur de l'électricité en notre pays, mais non au point d'en réduire significativement l'efficacité. Car même si l'on tient compte de ces défauts, force est de reconnaître que le service public de l'électricité a jusqu'à présent (relativement) bien fonctionné. Car la tutelle de l'État n'a imposé à EDF qu'une régulation «à la main légère» (en *price-cap*[5]), qui lui a permis de poursuivre une politique d'investissement maîtrisant l'ingénierie. Et si cette politique d'investissement a conduit à des surcapacités, celles-ci ne furent pas tant la conséquence de l'opacité de la gestion de l'entreprise que de choix politiques soucieux du caractère stratégique du secteur et de l'importance de ses missions de service public. Il semble indéniable que comparativement aux autres pays industrialisés, le fonctionnement du secteur de l'électricité en France a jusqu'ici été performant. L'alchimie du succès d'une organisation industrielle est toujours mystérieuse, même si l'étude de ses éléments constitutifs est pleine d'enseignements. Elle procède de circonstances particulières qui ne sont pas spontanément reproductibles — l'«ardente obligation» de la planification à la française, l'existence d'un projet politique pour le secteur énergétique, la qualité de l'engagement de la haute fonction publique au service de l'intérêt général, etc.[6]. Mais les circonstances ont changé : l'électrification du territoire est faite et bien faite ; la planification n'est plus une catégorie de l'analyse politique; la construction de l'Europe, comme la mondialisation, poussent plutôt au retrait de l'État des activités industrielles, etc. Notre époque est davantage, ou devrait être, celle de la transition de l'État propriétaire vers l'État intelligent, notamment dans la définition et l'expérimentation des règles. Mais la double exigence d'efficacité et de service au public devrait continuer de définir l'entreprise du troisième type vers laquelle EDF pourrait évoluer. Il est donc nécessaire de former un nouveau projet pour le secteur et l'opérateur historique et de se servir du contexte pour forger une nouvelle alchimie visant l'excellence. La nécessaire adaptation d'EDF fournit l'opportunité de réfléchir à un système de gouvernance plus performant, mieux à même de servir l'intérêt général. L'ouverture européenne pourrait permettre de consolider l'évolution récente des autorités européennes vers une définition plus exigeante des « services d'intérêt général ». L'ouverture mondiale permettrait de faire bénéficier d'autres régions du monde du savoir-faire d'EDF en ce domaine et, par la même occasion, obligerait EDF et l'Europe à une recherche plus exigeante de la compétitivité liée à la concurrence avec d'autres grandes entreprises multinationales. En d'autres termes, il devrait être possible de penser un nouveau statut de l'entreprise qui permette de mieux conjuguer les préoccupations d'intérêt général et de rentabilité, au profit de l'usager du service public comme de celui du contribuable.

Cela étant dit, une entreprise en concurrence effective est soumise à une dynamique qui la contraint à terme à renoncer à être plus vertueuse que les autres — sauf si la vertu est rémunératrice (ce point sera développé et approfondi au chapitre 4). Il est difficile d'observer les effets d'une règle implicite d'autolimitation de la rentabilité, quelles que soient les intentions de départ. Cela signifie qu'il faut désormais penser le destin d'EDF comme séparé de celui du secteur de l'électricité en France. Cette évolution est déjà inscrite dans les faits : la concurrence pour les clients industriels, la mise aux enchères d'une fraction de la capacité de production, la séparation de fait d'avec le réseau font désormais vivre EDF dans un environnement de concurrence appelée à s'accroître continûment. La libéralisation du marché avance en effet à grands pas en Europe : entre les États qui ont devancé les directives européennes, ceux qui les ont appliquées intégralement et ceux qui les appliquent a minima, la dynamique est celle d'une libéralisation qui va au-delà du seuil déjà fixé par l'Union européenne, d'autant qu'au sommet européen de Barcelone en 2002 ce seuil a été considérablement relevé.

EDF a les atouts, les compétences et l'expérience pour évoluer vers une entreprise du troisième type, conjuguant les exigences du marché, celles du long terme, et celles du service public. Mais la concurrence implique qu'elle ne soit pas seule à avoir un comportement « citoyen ». Son internationalisation suppose l'ouverture de son capital à des actionnaires privés, non pas tant pour des raisons de financement de son expansion — les stratégies de croissance externe ont des limites que la période actuelle a mises en évidence — que de réciprocité, et de gouvernance. Certes les pouvoirs publics doivent rester majoritaires dans son capital. Mais l'ouverture à des intérêts privés engendre une mutation radicale des règles du jeu : les exigences de rentabilité, même si l'entreprise parvient à faire prévaloir une vision de long terme, deviendront prioritaires sous peine de difficultés de financement interne – notamment de la croissance. Les actionnaires sont fondés à exiger d'une entreprise qu'elle exploite son pouvoir de marché. C'est plutôt l'organisation du secteur qui devrait être du «troisième type», afin d'inciter et/ou de contraindre les entreprises à un comportement coopératif dont la finalité serait l'intérêt général. Les règles doivent être «citoyennes» lorsque les comportements privés n'y sont pas spontanément portés. La généralisation de cet état d'esprit dépend pour beaucoup de l'évolution politique et doctrinale de l'Europe.

Notes

1. R. Denoix de Saint-Marc, *Le Service public*, Rapport au Premier ministre, 1996.

2. La situation actuelle de British Energy (BE) résulte de la conjonction d'un prix très bas du marché de gros, de l'absence d'intégration aval avec un commercialisateur (à la différence des autres producteurs), d'engagements contractuels coûteux avec le fournisseur amont de combustible, et enfin, d'indisponibilités élevées des centrales nucléaires au cours de ces derniers mois.

3. Paul Joskow, «Deregulation and regulatory reform in the US electric power sector», 17 février 2000, p. 14.

4. À l'époque des grands équipements, un jeu non coopératif caractérisait les relations entre l'entreprise et l'État. EDF instruisait le dossier, mais l'État décidait en dernier ressort du niveau d'équipement. Plus l'État freinait, plus EDF devait exagérer les besoins. Le résultat des négociations en devenait ainsi aléatoire.

5. Prix plafond.

6. Cf. Andrew Shonfield, *Modern Capitalism. The Changing Balance of Public and Private Power*, Londres, Oxford University Press, 1965.

CHAPITRE 2

De la complexité d'une organisation concurrentielle du secteur et des moyens d'y faire face

La mise en œuvre de la concurrence suppose la réponse à au moins quatre questions : celle des perspectives d'évolution de la demande finale d'électricité, celle de l'organisation des marchés de gros, celle de l'ouverture au client domestique, et celle de l'interaction entre les missions de service public et de l'organisation concurrentielle du marché. Je tenterai d'y répondre à partir des expériences les plus emblématiques de restructuration du secteur – celle des pays anglo-saxons – mais aussi de l'expérience française en matière de missions de service public.

LA DEMANDE MONDIALE [1]

Dans les vingt prochaines années, l'augmentation de la demande mondiale d'électricité sera considérable – de l'ordre de 75 % selon le Conseil mondial de l'énergie (vision médiane) –, même si la structure géographique des besoins sera très contrastée : en 2020, 90 % des nouveaux besoins mondiaux de consommation se situent dans les pays en développement. Les besoins, réduits, de l'Europe se trouvent d'abord dans le Sud. En l'absence de renforcement des interconnexions, l'Europe continentale pourrait rester durablement en surcapacité, favorisant des prix de marché de gros bas (donc une valeur faible des entreprises) qui pourraient contribuer à accélérer le déclassement du parc existant et des réductions d'effectifs. La politique énergétique des pouvoirs publics soutenant la diversification et le développement des équipements (énergies renouvelables, cogénération…) peut amplifier cette réduction. La valeur du parc d'EDF-France y est particulièrement sensible, compte tenu des contraintes actuelles sur les interconnexions internationales.

Les gains potentiels de productivité, faibles en Europe dans les quatre ou cinq ans à venir, sont importants au niveau mondial, à dix ou quinze ans par diffusion d'innovations technologiques et organisationnelles. Les ruptures technologiques, prometteuses dans vingt à trente ans (photovoltaïque à couches minces, piles à combustible, captation du carbone, filières nucléaires de génération 4…), seront surtout destinées à répondre aux hausses de prix des facteurs provoquées par la raréfaction du gaz et du pétrole, à des tensions de sécurité énergétique et à la montée des contraintes environnementales.

LES EXPÉRIENCES ANGLAISE ET AMÉRICAINE : L'EXIGENCE D'UNE ORGANISATION STABLE DES MARCHÉS DE GROS

Les caractéristiques des marchés de l'électricité et les expériences de libéralisation des pays anglo-saxons montrent que le secteur permet l'entrée d'une multiplicité d'acteurs aux valeurs ajoutées et profils d'activités très divers... sous réserve de stabilité et de transparence du marché.

Ces qualités peuvent être assurées dans deux configurations différentes.

La première suppose l'existence de quelques acteurs dominants, intégrés horizontalement et verticalement, et donc responsabilisés dans la garantie d'approvisionnement de leurs clients. Elle suppose aussi un cadre institutionnel clair, une intervention « autodisciplinée » des pouvoirs publics (y compris les autorités de la concurrence et les régulateurs) et des choix cohérents dans le temps.

La seconde est celle de la fragmentation du secteur. Mais la transparence du marché est difficile dans un secteur très fragmenté, ce qui limite les possibilités de responsabilisation des acteurs. L'implication directe des pouvoirs publics dans un secteur quasi administré est alors nécessaire.

Spécificités des marchés de gros

L'offre potentielle d'un système électrique raisonnablement équilibré doit toujours être supérieure à la demande de pointe afin de réduire les risques de délestages. En dehors des périodes tendues, le prix équilibrant les marchés de l'énergie n'est pas en mesure de rémunérer les coûts fixes des moyens de pointe nécessaires à assurer ces réserves de capacité. Leur rémunération en période de tension est difficile à anticiper, vu les incertitudes sur l'occurrence de ces périodes (rares) et sur le niveau de prix attendu dans ce cas, homogène à une valeur de délestage de la demande, soit dix à cent fois le prix habituel de l'énergie. La difficulté peut être aggravée par le comportement d'acheteurs incités à proposer des fournitures pseudo-garanties à leurs clients finals à des prix faibles et résultant d'un pari sur l'absence de tensions.

Cette incertitude entrave la convergence normale des prix à terme vers les prix d'équilibre, et limite la qualité des signaux de prix permettant aux acteurs de prendre des décisions d'investissement correctement informées.

De surcroît, en cas de situation plus «normale» d'une demande inférieure mais peu éloignée de la capacité disponible du parc de production, tous les acteurs disposent d'un pouvoir de marché quasiment infini, dont la présence appelle l'intervention des pouvoirs publics.

Des formes de concurrence non suffisamment maîtrisées peuvent ainsi conduire à des cycles de sur/sous-capacité, cycles qui se répercutent sur la rentabilité et les valorisations boursières et qui sont amplifiés par les marchés financiers, avec en conséquence des chocs sur les prix de l'électricité dont on a pu observer les conséquences majeures en Californie et au Brésil.

Les expériences anglaise et américaine

Les différents «modèles» anglais successifs qui se sont succédé ces dernières années et le modèle américain développé en Pennsylvanie, dans le New Jersey et le Maryland (PJM) constituent des voies alternatives de création d'un marché de gros intégré. Ces expériences ont en commun la présence d'un oligopole dominant en production — intégrant verticalement la majeure partie de la fourniture aval et assumant de fait une réelle responsabilité de garantie de fourniture — et d'un marché organisé pour faciliter l'entrée de nouveaux concurrents. Ils se distinguent entre eux par les mécanismes complémentaires aux marchés de l'énergie, dont l'objet est à la fois de définir les responsabilités contractuelles, de garantir la fourniture et d'orienter les investissements.

C'est pour la période de 1996 à 2000 que le modèle anglais de la concurrence présente une réelle originalité par rapport aux USA et à la Scandinavie. Le Pool[2] joue alors son rôle, au sein d'une structure plus concurrentielle présentant trois éléments majeurs de stabilité :

– Le duopole initial cède la place (par divestitures) à un oligopole stable de cinq ou six acteurs partiellement réintégrés verticalement, suite à la privatisation et au rachat des compagnies régionales de distribution (REC).

– Le *capacity payment*, administré par National Grid Company, payé obligatoirement par tous les acheteurs du Pool, et rémunérant les capacités disponibles des producteurs en sus de la rémunération de l'énergie, a constitué un signal de prix favorisant la convergence des prix des contrats financiers et le développement des producteurs indépendants.

– NGC maîtrise l'ensemble du réseau, qui constitue un système relativement isolé, et ne connaît pas les problèmes de coordination des gestionnaires de réseaux continentaux (américains et européens).

En 2001, le Pool a été abandonné, suite à une décision des pouvoirs publics de 1998, en réaction « décalée » aux défauts de la période 1990-1996. Le nouveau mécanisme mis en place (NETA ou New Electricity Trading Arrangement) est moins transparent.

En Californie, la conception d'un système cumulant les risques d'instabilité sur les prix et sur les capacités de production offertes a provoqué la crise de l'été 2000.

La politique consistant à empêcher les prix de marché de jouer, auprès des clients finals, leur rôle de signal de rareté des capacités existantes ne pouvait que conduire à la crise en des circonstances extrêmes.

Enfin, l'expérience des marchés de capacité en Pennsylvanie-New-Jersey-Maryland (PJM) constitue une solution originale pour stabiliser le système et favoriser des investissements de production. Le système fonctionne avec un parc dominant, celui des huit opérateurs historiques en partie intégrés verticalement, et avec des obligations d'achat de capacités imposées à tous les fournisseurs des clients finals[3]. L'horizon limité de ces marchés, essentiellement journaliers, suscite cependant des débats sur la nécessité de concevoir des marchés de capacités à moyen terme (un, deux ou trois ans), tout en permettant aux clients de changer de fournisseur avec un délai de préavis court. En outre, la coordination de la gestion des échanges avec les zones voisines (New York, Ohio…), dans un marché ouvert, reste un sujet de préoccupation[4].

Ni l'une ni l'autre de ces modalités n'apparaissent tout à fait satisfaisantes. En témoignent les turbulences que traverse actuellement le « modèle » anglais (quasi-faillite de British Energy, difficultés de la gestion de crise face aux intempéries exceptionnelles qui ont frappé le sud de l'Angleterre et qui ont mis au jour un problème de coordination entre les différents acteurs).

Ouverture des marchés domestiques et du petit tertiaire : quelle concurrence organiser ?

L'ouverture du marché domestique et du petit tertiaire nécessite des dispositifs réglementaires et techniques spécifiques à ces clients, parmi lesquels on trouve l'instauration de «profils de charge» palliant l'absence de compteurs électroniques[5], et le développement de systèmes informatiques de suivi des relations entre clients et fournisseurs, notamment pour le traitement des factures.

L'expérience anglaise en révèle toute la difficulté : le coût de mise en œuvre est élevé (1 à 1,5 milliard de livres) et l'entrée sur le marché est difficile. De fait, les douze distributeurs historiques et l'opérateur historique de distribution de gaz (Centrica) montrent leur réel avantage comparatif et sont aujourd'hui les seuls acteurs de la concurrence, les autres concurrents apparus au début de l'ouverture en 1998 s'étant retirés. L'ampleur des basculements (fin juin 2002, 10 millions de clients électricité et 7 millions de clients gaz ont changé de fournisseur de gaz-électricité depuis 1998) ainsi que la part de marché acquise par Centrica témoignent des enjeux de concurrence sur la fourniture groupée gaz-électricité complétée de services à l'aval du compteur.

L'expérience américaine est beaucoup moins probante à cet égard en raison du nombre réduit de basculements qu'elle a suscité. Il faut dire que les modalités de sa mise en œuvre sont très diverses selon les États, notamment en ce qui concerne la fourniture «par défaut» que les opérateurs historiques sont tenus d'offrir. Dans certains États ayant ouvert leur marché domestique, cette fourniture particulière est calée (par le régulateur) sur les prix observables du marché de gros. Dans d'autres, le régulateur impose un prix très inférieur à ceux du marché de gros, créant ainsi une barrière artificielle à l'entrée de tout fournisseur alternatif potentiel, ce qui décrédibilise de fait l'ouverture du marché. Au Texas, le marché domestique est ouvert depuis janvier 2002. L'offre existante des opérateurs historiques, calée sur le prix gelé depuis 1999 diminué de 6 % par le régulateur, est devenue *the price to beat* (le prix à battre) pour les nouveaux entrants. Toutefois, le Texas semble entrer dans une période de surcapacité de production, ce qui pourrait favoriser des offres de prix encore plus faibles, et le prix de l'offre que les opérateurs historiques sont tenus de proposer en dernier ressort aux clients partis désireux de revenir a été calé par le régulateur à un niveau assez élevé, supposé non attractif (une pénalité déguisée). Mais, pour l'essentiel, les marchés finals de l'électricité restent peu ouverts. La hausse des prix sur le marché de gros à l'été 2001, d'une part, et l'obligation des opérateurs historiques d'offrir aux clients une fourniture standard, ou *in fine*, à prix régulés non indexés sur le prix du marché de gros, d'autre part, ont rendu le marché domestique américain non attractif pour les nouveaux entrants. Même en Pennsylvanie où les primes attribuées aux clients changeant de fournisseur *(shopping credits)* avaient suscité un pourcentage élevé de basculements en 2000, le flux s'est arrêté au cours de l'été 2001. En outre, on ne constate aucun développement des offres associant la vente d'électricité à d'autres services.

Cette diversité des situations est rendue possible aux États-Unis dans la mesure où la décision concernant le degré de libéralisation du marché de détail de l'électricité est du ressort de chaque État. Toutefois, désireux d'encourager les États qui commencent à mettre fin aux monopoles régionaux, le Département américain de l'énergie (DOE) a présenté en mars 2002 un plan détaillé visant à ouvrir à la concurrence le marché américain de l'électricité pour les particuliers à compter du 1er janvier 2003. Il en espère une économie de 20 milliards de dollars par an, soit 232 dollars pour un foyer de quatre personnes.

L'une des raisons des hésitations américaines réside peut-être dans la crainte que les consommateurs ne bénéficient pas vraiment de l'ouverture aux clients finals, cela est surtout vrai pour les petits consommateurs, en raison des coûts de publicité, de marketing et de facturation qu'implique l'ouverture du marché. Un système qui, comme le suggère Paul Joskow, permettrait l'accès direct des consommateurs aux marchés de gros par la médiation de leur distributeur pourrait être plus avantageux, mais quelque peu complexe.

En Europe, depuis le sommet de Barcelone où la décision fut prise de rendre éligibles les clients professionnels (ce qui représente pour la France 70 % du marché), la question se pose de savoir si cette décision ne revient pas, de fait, à une ouverture totale du marché. Certes la frontière tracée par la décision n'est pas sans logique puisqu'elle revient à faire bénéficier de la mise en concurrence des fournisseurs d'électricité l'ensemble des clients qui sont eux-mêmes soumis à concurrence dans leur propre activité. Mais de deux choses, l'une : ou bien les clients éligibles voient effectivement leur facture diminuer par rapport à la situation antérieure, ou bien l'ouverture du marché ne produit pas les résultats escomptés. Plaçons-nous dans l'hypothèse la plus favorable, la seule qui légitime la position européenne. En ce cas, comment justifier auprès de la clientèle captive (résidentielle), qu'elle n'est pas appelée à bénéficier de la concurrence ? Une telle situation ne pourrait que faire croître les inégalités de proximité, celles qui sont le plus durement ressenties par les populations, et, de fait, elle n'a aucun fondement éthique. Elle pourrait, de surcroît, être analysée comme une subvention des clients captifs vers les clients éligibles, et comme telle considérée comme une distorsion de concurrence. Il n'y a pas d'autre alternative que de faire bénéficier la clientèle captive d'avantages équivalents – équivalents, parce que les clients résidentiels peuvent préférer à des baisses immédiates de prix, des garanties de stabilité par exemple – mais cela revient en réalité à une ouverture totale du marché. Nous reviendrons sur cette question quand il s'agira d'étudier la stratégie d'EDF en la matière.

INTERACTION ENTRE LES MISSIONS DE SERVICE PUBLIC ET L'OUVERTURE DU MARCHÉ : LE CAS DU TRAITEMENT DES CLIENTS DÉMUNIS EN FRANCE ET AU ROYAUME-UNI

Le Royaume-Uni et la France mettent en œuvre, en matière d'aide aux plus démunis dans le secteur électrique, des politiques très différentes. Une comparaison des deux systèmes permet à la fois de prendre conscience de l'éventail des mécanismes pouvant être regroupés sous l'appellation générique d'aide aux démunis, et de mieux cerner les interactions existant entre ces mécanismes et les modalités d'ouverture des marchés.

De façon générale, on distingue trois types de politiques publiques :

1. Les politiques à vocation redistributive, utilisant des indicateurs objectifs – consommation d'électricité, revenu, composition du ménage, etc. – comme instruments des mécanismes de transferts financiers entre

agents. Ces politiques présentent un intérêt certain mais ont un coût élevé au regard du degré de redistribution recherché. Malgré des cibles susceptibles d'inclure plusieurs millions de ménages, une partie substantielle de la population, notamment celle qui vit des situations particulières d'exclusion, peut rester en dehors des mécanismes. À l'inverse, ces politiques présentent l'avantage de résister relativement bien à l'ouverture du marché, les mécanismes utilisés pouvant être appliqués par les pouvoirs publics sous la forme d'obligations contractuelles standardisées et assignées à tous les fournisseurs.

2. Les politiques de détection et de réinsertion sociale des personnes en situation d'exclusion.

Compte tenu du caractère indispensable de l'électricité, l'électricien est un des acteurs les mieux à même de détecter les situations d'urgence, d'alerter les services compétents et d'initier ainsi un processus de réinsertion. Cette tâche implique cependant un fort engagement « sur le terrain ». Cet engagement a un coût qu'il est difficile d'objectiver auprès des pouvoirs publics ou d'un régulateur, ce qui soulève la question de sa compatibilité avec une ouverture totale du marché. Pour les mêmes raisons, ce service est difficile à qualifier pour une éventuelle mise aux enchères. (Mais ne serait-il pas possible d'imaginer des indicateurs d'alerte qui obligeraient les électriciens à en informer les services compétents ?)

3. Les politiques d'aides au logement et de maîtrise de la demande d'électricité.

Bien que ces politiques passent par de multiples canaux, elles bénéficient des interventions de l'électricien, compte tenu de son expertise et de son rôle vis-à-vis d'autres acteurs industriels (fournisseurs d'équipements pour l'éclairage, l'eau chaude, le chauffage des locaux, l'isolation thermique, etc.). Dans la mesure où ces politiques sont objectivables et contractualisables avec de multiples acteurs, leur mise en œuvre n'est pas incompatible avec la concurrence.

La comparaison des politiques menées au Royaume-Uni et en France conduit à trois conclusions.

Il existe tout d'abord, dans les deux pays, des politiques à vocation redistributive. Ces politiques diffèrent toutefois dans leurs modalités de mise en œuvre : la législation française prévoit une forte implication des électriciens dans les transferts, dès lors que ceux-ci ont vocation à assurer un confort énergétique minimal. Au Royaume-Uni, au contraire, les transferts, même lorsqu'ils visent explicitement à garantir le confort énergétique des populations considérées comme fragiles, sont mis en œuvre par d'autres intervenant que les électriciens. La définition des populations fragiles varie par ailleurs d'un pays à l'autre : au Royaume-Uni, ce sont les handicapés, les personnes âgées et les familles ayant de jeunes enfants ; en France, ce sont les ménages à bas revenus.

En second lieu, les électriciens français sont beaucoup plus impliqués que les électriciens britanniques dans les politiques de détection et de réinsertion sociale. La loi assigne aux distributeurs français, par le biais du Fonds Solidarité Énergie, une forte responsabilité dans le processus de mise en alerte des services sociaux. À l'inverse, les électriciens britanniques recourent fréquemment aux compteurs à prépaiement, limitant ainsi leur capacité à détecter les situations d'urgence, avec pour effet paradoxal de faire payer un tarif plus élevé que la moyenne aux clients les plus démunis.

Enfin, les politiques d'aide au logement et de maîtrise de la demande, bien qu'inégalement développées de part et d'autre de la Manche, ne sont pas, dans leur principe, fondamentalement différentes.

On peut ici noter deux différences majeures entre la France et le Royaume-Uni. D'une part, la France, en confiant un rôle important aux électriciens dans la mise en œuvre des politiques nationales de solidarité, atteint, de fait, des objectifs assez largement étrangers au secteur électrique ; au Royaume-Uni, au contraire, les politiques de redistribution de la richesse n'utilisent pas le vecteur du secteur électrique comme instrument de détection de la précarité. D'autre part, la France a fait le choix d'utiliser les spécificités du secteur électrique pour améliorer la capacité du système social à détecter les situations difficiles et à lancer des processus de réinsertion ; la législation britannique n'impose aucune mission de ce type aux électriciens du Royaume-Uni.

Dans un monde où les situations de précarité se multiplient et semblent être à l'origine d'un véritable malaise social, comme en témoigne la montée des populismes en Europe, le rôle confié à EDF par les pouvoirs publics est important. Le point fort du dispositif français, dû à l'étroite implication des services d'EDF dans la vie locale, est sa capacité à créer du lien social, l'opérateur ayant progressivement développé une série de procédures internes et de services particuliers à l'endroit des populations démunies, en collaboration avec les collectivités et les associations caritatives. Une telle stratégie suppose un ancrage local fort de l'électricien, ce qui ne peut évidemment être généralisable à tous les fournisseurs. Elle a de surcroît un coût élevé en raison de la fréquence des interventions qu'elle implique, mais peut-être aussi un bénéfice élevé en termes d'amélioration du bien-être des populations les plus précaires, et accessoirement d'image de l'entreprise. L'ouverture du marché peut être un obstacle, comme nous l'avons déjà souligné, à la continuité d'une telle mission, sauf si l'entreprise, au terme d'une pesée des coûts et des avantages, décidait de l'accomplir volontairement (au moins en partie).

Notes

1. Nous nous intéresserons ici uniquement à l'évolution de la demande mondiale dans vingt à trente ans. Une perspective plus longue de prospective énergétique sera proposée dans le cadre du chapitre 5.

2. Le Pool, instauré par l'Electricity Act de 1989, associe un gestionnaire du réseau de transport, National Grid Company (NGC), et un marché de gros organisé (« bourse » journalière).

3. Obligations évaluées à partir de la demande prévisionnelle maximale agrégée des clients, majorée d'une marge de réserve de quelques pourcent.

4. Le partage des informations entre gestionnaires de réseaux reste insuffisant (compte tenu des lois physiques particulières de l'électricité) pour assurer la compatibilité des flux physiques admissibles avec les engagements commerciaux des utilisateurs du réseau.

5. Les compteurs électroniques restent encore aujourd'hui d'un coût supérieur aux économies qu'un client résidentiel peut espérer réaliser sur sa facture à court ou moyen terme en changeant de fournisseur. Le *load profile* consiste à classer tous les clients au sein d'un nombre réduit de familles de courbes de charge « représentatives » et à faire comme si chaque client avait sa consommation mesurée a posteriori.

CHAPITRE 3

Europe : fédération d'États-nations et marché unique de l'électricité

L'intégration des marchés est un élément essentiel de la construction européenne. Or, en matière de politique de la concurrence, la Commission a, dans ses prérogatives, non seulement un pouvoir sur les entreprises, mais sur les États. Elle peut, par exemple, interdire un traitement fiscal de faveur qu'un gouvernement aurait décidé pour aider à la restructuration d'un secteur en difficulté, comme elle peut empêcher une fusion entre entreprises sur des critères qu'elle seule est libre de déterminer[1]. Certes, la Cour de justice européenne peut annuler certaines de ces décisions, mais à la condition que les critères utilisés s'avèrent fautifs du point de vue de l'analyse économique, ou si des procédures n'ont pas été respectées.

Les services publics n'échappent pas à cette compétence de la Commission. C'est ainsi que depuis la signature, en 1987, de l'Acte unique européen, les services publics en Europe font l'objet d'une politique systématique de libéralisation, de privatisation et d'ouverture à la concurrence : télécommunications, transports aériens, transports ferroviaires, électricité, gaz, etc.

Le marché unique vise à harmoniser les conditions de la concurrence dans l'espace européen, en partant de l'hypothèse que cette harmonisation serait bénéfique à la fois aux entreprises privées, qui se verraient dès lors offrir un traitement équitable, et au consommateur. Les avantages de la mondialisation seraient un leurre si les mouvements de fusion, concentration et autres, conduisaient les entreprises à les capter à leur profit en accroissant leurs rentes de monopoles. Une politique de la concurrence est donc parfaitement légitime, comme l'est une politique de libéralisation des services publics, lorsque l'une et l'autre servent les intérêts des citoyens, notamment lorsqu'elles permettent de resserrer le lien social. Elle doit être approuvée sans réserve si elle a pour effet d'accroître la qualité et la quantité des services publics, et si elle n'empêche pas l'émergence de nouveaux services publics mieux adaptés aux temps modernes. Elle doit, au contraire, être critiquée si elle a pour conséquence indirecte de réduire le caractère universel des services publics, d'en augmenter le coût, d'en abaisser la qualité ou de les soustraire au choix social. Sur tous ces points, qu'en est-il ?

CONCURRENCE FORMELLE
ET CONCURRENCE EFFECTIVE : ÉTAT DES LIEUX

La dynamique européenne pousse vers une ouverture totale des marchés. L'objectif ultime des États membres, tel qu'il ressort du Conseil européen de Lisbonne, vise au développement d'un marché unique de l'énergie totalement ouvert (*full market opening*). Lors du Conseil européen de Stockholm, cet objectif a été réaffirmé, et la Commission a reçu pour mission d'« évaluer la situation dans ces secteurs [...] afin de franchir de nouvelles étapes dans la libéralisation ». Le *Premier rapport sur la réalisation du marché interne de l'électricité et du gaz* (Commission européenne, 3 décembre 2001) est sévère pour la France, mais sur la base de critères plus formels que réels, et tellement favorables à la libéralisation et au marché qu'il en laisse son lecteur incrédule.

Le tableau I du rapport (page suivante) inventorie les obstacles à la concurrence dans les pays, conséquence de l'application différenciée de la directive européenne sur l'électricité.

Il ressort de la lecture de ce tableau que la France est un particulièrement mauvais élève de la classe européenne. L'enquête conduite auprès des intervenants sur les marchés conclut d'ailleurs que c'est en France que l'on trouve le plus grand nombre d'obstacles à la concurrence (dernière colonne).

Les auteurs du rapport en déduisent que ces obstacles « semblent avoir un effet sur les opportunités de choix des clients et donc *in fine* sur les niveaux de prix ». Ils en donnent pour preuve le tableau II (page 59).

Or, ce que montre le tableau II, est qu'il n'existe pas, semble-t-il, pour ce qui concerne les grands pays, de relation entre les critères d'évaluation de la concurrence du tableau I et les performances en matière de prix. On pourrait au contraire arguer — parce que la France est formellement le pays le moins ouvert parmi les cinq — que la relation est inverse, mais ce serait prendre au sérieux le critère formel de l'ouverture. Par contre, le tableau II laisse apparaître que la France comparativement aux quatre autres grands pays, celui dont les prix

Tableau I
Application de la directive sur l'électricité

	Ouverture du marché déclarée	Date d'ouverture totale	Séparation d'avec le transport[1]	Régulateur	Tarifs de réseau	Part des trois plus gros générateurs (%)	Obstacles à la concurrence mentionnés dans les réponses[2]
Autriche	100 %	2001	L	ex-ante	élevé	68	X
Belgique	35 %	2007	L	ex-ante	moyen	97 (2)	D,B,R,X
Danemark	90 %	2003	L	ex-post	bas	75 (2)	D,X
Finlande	100 %	1997	O	ex-post	bas	54	U (for DSOs)
France	30 %	?	M[3]	ex-ante	moyen	98 (1)	D,B,U,X,R
Allemagne	100 %	1999	M	Pas de régulateur	élevé	63	U,R,X,T
Grèce	30 %	?	M	ex-ante	n.d.	100 (1)	pas de réponses
Irlande	30 %	2005	L	ex-ante	moyen	97 (1)	D,B,U,X,R
Italie	45 %	none	L	ex-ante	moyen	79 (2)	D,B,X
Pays-Bas	33 %	2003	L	ex-ante	moyen	64	X,D
Portugal	30 %	none	L	ex-ante	élevé	85	D,X
Espagne	45 %	2003	L	ex-ante	élevé	79	D,X,R
Suède	100 %	1998	O	ex-post	bas	77	D,B
Royaume-Uni	100 %	1998	O	ex-ante	bas	44	D,U (Scot), X(NI)

Source : Premier rapport sur la réalisation du marché interne de l'électricité et du gaz, Commission européenne, 3 décembre 2001.

1. O–propriété, L–légal, M–gestion.
2. R–insuffisance de régulation, U–séparation inadéquate, T–tarifs de réseaux élevés, B–équilibre du marché, D–acteur dominant, X–problèmes d'interconnexions aux frontières (par ordre d'importance).
3. Quoique le gestionnaire du réseau de transport soumette son rapport annuel au régulateur plutôt qu'à EDF.

sont, pour les industriels comme pour les ménages, les plus bas. En ce qui concerne les gros utilisateurs, la France est troisième, seules la Suède et la Finlande offrant des prix encore plus bas, alors que le Royaume-

Tableau II
Activité concurrentielle et prix

	Évaluation de la fraction des clients changeant de fournisseurs (en pourcent de la demande)		Prix moyens pour les consommateurs finals (€/MWh) juillet 2001	
	Gros utilisateurs	Autres	Gros utilisateurs	Ménages et petits commerces
Autriche	5-10 %		na	98
Belgique	5-10 %		68	120
Danemark	n.a.		56	68
Finlande	30 %	10-20 %	36	55
France	5-10 %		51	87
Allemagne	10-20 %	<5 %	61	122
Grèce	nil		54	76
Irlande	30 %		60	101
Italie	10-20 %		77	110
Pays-Bas	10-20 %		62	94
Portugal	<5 %		59	106
Espagne	<5 %		52	88
Suède	100 %	10-20 %	34	52
Royaume-Uni	80 %	>30 %	58	91

Uni, l'Allemagne et l'Italie sont respectivement septième, dixième et treizième (sur treize pays classés). Pour les ménages et les professionnels, la France arrive en cinquième position, derrière de petits pays (Suède, Finlande, Danemark, et Grèce), mais devant tous les autres et notamment loin devant l'Italie et l'Allemagne qui arrivent respectivement en douzième et en quatorzième (c'est-à-dire en dernière) place. Les pays scandinaves ont en général des performances meilleures que les autres, mais il est difficile de faire le départ entre les facteurs qui peuvent expliquer ces résultats : organisation concurrentielle des marchés ou géographie et sources d'énergie ? Le fait que la plupart des installations hydrauliques soient amorties en ces pays justifierait à lui seul de meilleures performances.

Les discriminations dans l'accès aux réseaux, tant de transport que de distribution, sont susceptibles de faire obstacle de la façon la plus importante au bon fonctionnement du marché. Mais le rapport constate «qu'en dépit des variations [dans l'organisation de cet accès], il ne semble pas exister de pratiques clairement discriminatoires, et aucune des personnes interrogées n'a mis en exergue la structure tarifaire comme étant un problème». Pourtant cette affirmation semble contredite par les données.

Le tableau III, montre, en effet, que les charges d'accès aux réseaux sont, en France, parmi les plus basses d'Europe, et considérablement plus faibles qu'en Allemagne où elles sont étonnamment élevées. L'affirmation faite dans le rapport selon laquelle, «si les charges de réseaux sont trop élevées, il existe un risque évident que des profits de monopole soient réalisés, ce qui dans les entreprises intégrées verticalement conduirait à des distorsions dans la partie concurrentielle du marché», ne s'applique donc pas à la France, alors que le critère formel de la non-séparation juridique du réseau tel qu'il apparaît dans le tableau I le laisserait supposer. En revanche, il s'applique de manière évidente à l'Allemagne dont le taux d'ouverture formel déclaré est de 100 %.

La lecture des contradictions contenues dans le premier rapport d'évaluation de la Commission permet de souligner la distance qui existe entre concurrence formelle et concurrence effective, lorsque le caractère concurrentiel du marché est évalué par des indicateurs «nominaux» qui ne reflètent pas forcément la réalité des comportements des acteurs.

Tableau III
Charges d'accès aux réseaux électriques

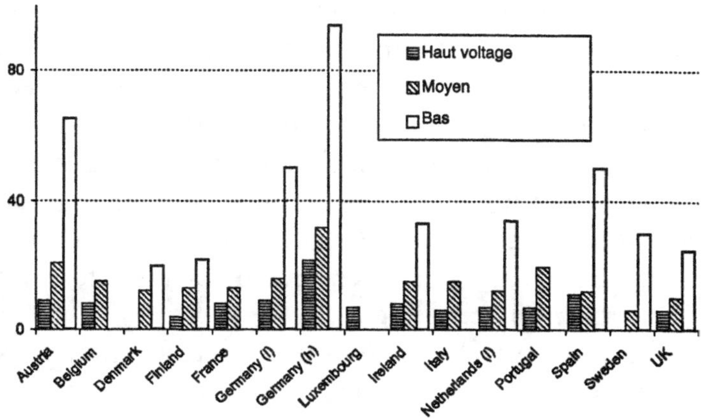

Tableau IV
Critères formels de la concurrence

Pays	Marché éligible	Seuil d'éligibilité	Ouverture à 100 %	Part (*) de basculements	Part de marché des 3 plus gros producteurs
Autriche	100 %		2001	5-10 %	68 %
Belgique	35 %	20 GWh	2007	5-10 %	97 %
Danemark	90 %	1 GWh	2003	non disp.	75 %
France	30 %	16 GWh	-	5-10 %	98 %
Allemagne	100 %		1999	10-20 %	63 %
Italie	45 %	20 GWh	-	10-20 %	79 %
Pays-Bas	33 %	20 GWh	2004	10-20 %	64 %
Espagne	54 %	1 GWh	2003	< 5%	79%

Part estimée en pourcentage de la demande, pour la clientèle industrielle
Source : Premier rapport sur la réalisation du marché interne de l'électricité et du gaz, Commission européenne, 3 décembre 2001.

Le degré d'ouverture du marché s'apprécie en effet par la taille du marché éligible de chaque État et le nombre de clients ayant changé de fournisseur. La position dominante des entreprises est évaluée par les parts relatives de marché des producteurs au niveau de chaque État. Sur la base de ces critères, la France apparaît comme très peu concurrentielle, notamment par rapport à l'Allemagne dont le taux d'ouverture est de 100 %. Pourtant, cette impression entre en contradiction avec la réalité concurrentielle telle qu'elle est effectivement perçue par les clients industriels. Car les critères de la concurrence effective peuvent s'avérer très éloignés de ceux de la concurrence «nominale», au point d'en inverser la signification. En d'autres termes, un marché peut être théoriquement ouvert, mais concrètement inaccessible.

L'accès au marché dépend de caractéristiques physiques, économiques et organisationnelles, dont l'absence interdit à la concurrence potentielle de devenir effective. Ainsi l'absence de barrières physiques et tarifaires aux importations permet aux opérateurs européens existants un accès immédiat au marché français : d'une part, en effet, les tarifs du transport public, on vient de le voir, sont, en France, parmi les plus faibles des pays européens, et d'autre part, la capacité physique d'importation est égale à la taille du marché éligible. Parallèlement, la France s'est donné les moyens d'une ouverture transparente et effective de son marché à la concurrence des électriciens européens, par la mise en place d'une autorité de régulation (la CRE), par celle d'un gestionnaire de réseau réellement indépendant dans les faits et, enfin, par une politique exigeante en matière de contrôle des croisements éventuels de subventions entre activités en monopole et activités en concurrence. Cela n'est pas le cas en Allemagne où la plupart de ces caractéristiques sont absentes (tarifs de transport élevés, absence d'instance régulatrice, etc.) au point que le marché allemand demeure de fait inaccessible.

La France se situe ainsi en porte à faux par rapport à ce que l'on peut appeler «la propension européenne pour des règles formelles»: quand bien même elle serait plus accessible à la concurrence que nombre d'autres pays, elle est «réputée» l'être moins, et susceptible, par cette réputation, de remontrances ou même de recours juridiques par les autorités européennes. Il serait paradoxal qu'elle soit alors conduite pour satisfaire aux pressions européennes à réduire le degré de concurrence effective, pour accroître celui de la concurrence nominale. Une bien meilleure stratégie serait, au contraire, que la France fasse pression sur les autorités européennes – non pas au nom d'une prétendue exception française, mais au nom du bien-être du client final européen – pour qu'elles adoptent des règles plus transparentes et plus efficaces pour l'organisation du secteur électrique. Après tout, EDF est, parmi les principaux électriciens européens, celui qui a le moins à perdre et le plus à gagner d'une organisation concurrentielle des marchés. Il serait même souhaitable qu'EDF mette en œuvre en son sein une force de proposition, une *task force*, destinée à faire des suggestions pour créer un marché unique européen et en améliorer le fonctionnement.

QUEL MODÈLE EUROPÉEN D'ORGANISATION DU SECTEUR ÉLECTRIQUE?

On pourrait répondre de façon quasi caricaturale à cette question, par... la concurrence bien sûr! Mais pour un secteur tel que celui de l'électricité, la réponse est un peu courte. Indépendamment des missions de service public que ce secteur doit continuer d'assumer, son bon fonctionnement exige une régulation beaucoup plus «interventionniste» que les autres secteurs de l'économie. À défaut d'une telle régulation, non seulement la rente liée au fonctionnement du secteur serait à coup sûr captée par des intérêts privés spécifiques, mais la continuité de fourniture de l'électricité ne pourrait plus être assurée... que par des interventions massives des pouvoirs publics et le financement des contribuables. L'exemple californien est là pour en témoigner. Pourtant, pour courte que soit la réponse de l'Europe, l'architecture des institutions européennes n'en autorise pas d'autre, en tout cas sans évolution majeure à venir.

Pour dire les choses sans détour, l'Europe est, pour ce qui concerne l'économie, une fédération à la supranationalité qui, si elle est limitée, est puissante dans les domaines où elle s'exerce : son gouvernement est composé d'un ministre de la monnaie, d'un ministre de la concurrence, et d'un secrétaire d'État à la surveillance budgétaire. Si le terme fédération n'est généralement pas utilisé pour décrire son mode de gouvernement économique, c'est que ce dernier s'apparente davantage à une gestion par autorités indépendantes qu'à un processus politique de décision[2].

Les trois membres du gouvernement européen n'ont pas le même statut. Le secrétaire d'État à la surveillance budgétaire n'a pas de pouvoir décisionnel, mais un pouvoir d'instruction. Il a cependant un pouvoir d'influence, car il rend public son dossier d'instruction et ses recommandations, avant même que l'instance décisionnelle (le Conseil européen) ne se soit prononcée. Le ministre de la concurrence (la Commission) concentre entre ses mains les pouvoirs législatif, exécutif et, jusqu'à un certain point, judiciaire, alors que le

ministre de la monnaie (la Banque centrale européenne) jouit d'un pouvoir étendu dans le cadre d'une
mission qui lui a été confiée par les traités, mais qu'il
est libre d'interpréter – à savoir, la stabilité des prix. Il
n'existe pas de chef de gouvernement chargé de coor-
donner l'action de ces trois ministres et secrétaire
d'État.

Si la construction européenne apparaît ainsi désé-
quilibrée, c'est qu'elle est engagée dans une dynamique
où chaque pas en avant conduit, ou même, contraint à
un autre. Toute appréhension statique en donne alors
une image déformée. Il convient donc de repérer les
dynamiques sous-jacentes pour se former une vision de
l'avenir.

Dans la composition du «gouvernement économique» de l'Europe, le ministre de la concurrence
occupe une place importante. Or les politiques
macroéconomiques et structurelles – l'extension du
domaine de la concurrence implique des réformes
structurelles : libéralisation, privatisation, dérégulation,
etc. – sont cependant liées, parce qu'à la fois complémentaires et substituables. Elles sont complémentaires
car les réformes structurelles ont d'autant plus de
chances d'être acceptées et d'aboutir que l'environnement macroéconomique leur est favorable, et qu'inver-
sement, l'efficacité des politiques macroéconomiques
dépend, dans une certaine mesure, du contexte struc-
turel dans lequel elles sont entreprises. Elles sont substituables au sens où, selon les conceptions théoriques,
un même objectif – le plein-emploi, ou la croissance –
peut être plus sûrement obtenu en utilisant l'une plutôt que l'autre de ces politiques. Le débat est en effet vif
en Europe, entre ceux qui appellent de leurs vœux une

politique d'investissements publics, de soutien à l'activité, et ceux qui considèrent que seule une politique de « dérigidification » des marchés du travail et des produits est susceptible d'accroître la compétitivité de notre région, et de fournir ainsi à ses habitants l'assurance collective requise.

Selon que l'on privilégie la conception de la complémentarité ou celle de la substituabilité, le jugement sur les institutions européennes sera différent. La première conduit en effet à une vision large du *policy mix* européen dont les instruments – politique monétaire, politique budgétaire et réformes structurelles – sont considérés comme très interdépendants. Cette interdépendance exige une coordination plus poussée – un degré plus élevé de centralisation, probablement sous l'égide d'un gouvernement européen – pour être vraiment gérée. La conception de la substituabilité, beaucoup plus libérale, s'accommode au contraire parfaitement de l'architecture actuelle du « gouvernement économique » de l'Europe. La mise sous tutelle du pouvoir budgétaire des États, la création d'un pouvoir monétaire indépendant dont la seule mission est la stabilité des prix, ne peuvent qu'affaiblir la capacité d'intervention de ce qui tient lieu d'État européen – le Conseil. La politique de la concurrence, et son extension à la sphère publique et sociale par le moyen de la dérégulation, devient alors l'instrument privilégié du projet européen.

Il n'est nul besoin de prendre parti entre ces deux conceptions pour constater que la première se situe en continuité, et la seconde en rupture, avec le mode d'organisation et de gouvernement des sociétés nationales qui forment l'Union européenne. Si apparemment les gouvernements français ont eu autant de mal à s'inscrire dans cette dynamique, s'agissant du secteur de l'électricité, c'est qu'ils perçoivent la force de la rupture dans un secteur qui, à la fois d'un point de vue concret et symbolique, représente l'une des réussites françaises les plus éclatantes de l'après-Seconde Guerre mondiale.

C'est probablement cette dynamique des institutions européennes qui rend le thème du « déficit démocratique » si populaire en Europe. Que la construction européenne mette sous tutelle les choix nationaux, comme l'émergence des nations avait mis sous tutelle les choix régionaux, est dans l'ordre des choses. C'est une évolution propre à tout processus d'unification. Il faut savoir ce que l'on veut. Mais que l'Europe n'offre elle-même aucun espace de choix, que l'orientation de ses politiques soit, pour l'essentiel, indépendante de tout processus démocratique, est à la fois contraire aux traditions politiques des peuples européens, et dangereux pour l'efficacité économique.

Le modèle européen d'organisation du secteur électrique qui est en train de se mettre en place reflète ainsi la place prééminente accordée à l'ouverture du marché de l'électricité, et montre combien il prime sur toute autre considération. Le *Premier rapport sur la réalisation du marché interne de l'électricité et du gaz* (3 décembre 2001) est sans ambiguïté sur ce point. Les pays membres y sont surtout critiqués sur deux points : l'existence d'acteurs dominants presque partout – mais singulièrement en France ; l'ouverture insuffisante des marchés en certains pays, ses conséquences néfastes pour les consommateurs et les distorsions de concurrence que crée une ouverture inégale entre pays. Il recommande dans un premier temps une ouverture rapide des marchés à tous les clients professionnels (recommandation qui a été adoptée au sommet de Barcelone, et qui représente une ouverture moyenne de 60 % en Europe, 70 % en France) suivie par une ouverture aux ménages deux années plus tard. Et il se termine par une menace : « Dans l'éventualité d'un manque de progrès dans l'application des mesures proposées, la Commission devrait entreprendre en son propre nom des actions sur la base de l'article 86 du traité. » En d'autres termes, le ministre de la concurrence imposerait aux États réfractaires de mettre en œuvre ses décisions.

Ce qui frappe, à la lecture de ce texte, c'est son caractère extrêmement doctrinal ; car comme nous l'avons vu au point précédent, ses conclusions ne découlent aucunement d'une analyse objective des faits, dans la mesure où il est impossible d'établir une correspondance entre le degré d'ouverture affiché, l'accessibilité du marché et les prix payés par les clients finals. Les conclusions du rapport apparaissent comme plaquées, indépendantes des investigations empiriques réalisées ; elles auraient pu aussi bien être énoncées sans recourir à une enquête préalable, mais seulement après lecture d'un manuel élémentaire de microéconomie générale. Beaucoup plus grave est la référence cursive aux problèmes organisationnels que peut rencontrer le secteur, et aux débats en cours sur les retours d'expérience aux États-Unis et en Angleterre, où les participants les plus libéraux conviennent qu'il faut avancer en ce domaine avec grande prudence, afin de ne pas substituer aux dysfonctionnements somme toute mineurs de l'organisation actuelle, de gros dysfonctionnements qu'engendreraient des marchés insuffisamment ou maladroitement régulés. Le rapport souligne certes qu'il existe une variété de solutions, et indique lesquelles ont été choisies par les États membres, mais sans vraiment considérer que l'ouverture totale des marchés qu'il préconise implique un changement radical de la régulation. Au lieu de quoi, le rapport, tout à son enthousiasme pour l'économie de marché, minimise les effets sur l'emploi des restructurations en cours, et affirme qu'une organisation concurrentielle est mieux adaptée pour remplir les objectifs sociaux et environnementaux du service public.

Cela ne doit pas étonner : une institution qui a reçu comme mandat d'accroître le degré de concurrence, et qui dispose de pouvoirs supranationaux pour le faire, n'a pas d'autres options que de s'acquitter de son mandat, et de pousser toujours davantage vers une organisation de plus en plus concurrentielle des marchés.

En principe, la constitution d'un marché européen de l'énergie exigerait des règles européennes pour être réalisée, mais le modèle européen qui se met en place est celui d'un grand marché intérieur sous régulations nationales. Au nom du principe de subsidiarité, l'organisation du marché intérieur est de fait laissée aux États. C'est ainsi qu'il n'existe pas de régulation européenne coordonnée des marchés de gros, à la différence des États-Unis où la Federal Energy Regulatory Commission joue un rôle décisif. Il n'existe pas davantage de coordination européenne des régulateurs nationaux, alors qu'une telle coordination serait nécessaire, notamment pour définir les conditions d'accès et de développement des réseaux. Cette absence, pourtant, pourrait nuire gravement au fonctionnement du marché européen de l'électricité, puisque les contraintes physiques sur les interconnexions et la tarification restent gérées à l'échelle nationale. On perçoit à quel point cela peut induire des distorsions de concurrence, même lorsque les marchés sont ouverts formellement à 100 %. En effet, certains pays peuvent par ce biais favoriser le maintien de marchés domestiques (péninsules, Allemagne, Pays-Bas, par exemple), alors que d'autres s'ouvrent réellement aux importations (la France, notamment). Ainsi, au lieu de mettre en œuvre une politique qui permette effectivement de créer un marché unique de l'électricité, les autorités européennes (Conseil et Commission) préconisent l'ouverture totale de quinze marchés segmentés! Et la coexistence de quinze systèmes organisationnels et de régulations différents pourrait se révéler par la suite un obstacle majeur à l'unification. En d'autres termes, malgré une ouverture qui pourrait être totale et effective au sein de chaque pays, l'Europe ne bénéficierait pas, de fait, des avantages supposés d'une intensification de la concurrence.

De surcroît, les politiques environnementales restent fragmentées, sans harmonisation des instruments utilisés par les États. Sur ce point aussi, la coordination européenne des instruments de politiques environnementales (normes, fiscalité, permis d'émission négociables) n'est assumée ni par les États, ni par la Commission. Or le traitement national des politiques environnementales peut affecter les conditions de fonctionnement des centrales de production et susciter, par ce biais, des distorsions de concurrence.

Enfin, le marché intérieur de l'énergie est institué de fait, comme de droit, en l'absence d'une politique énergétique commune, alors même qu'il existe une forte divergence entre États sur les choix énergétiques de demain.

Il est juste de reconnaître que la Commission est consciente de ces problèmes et fait son possible pour tenter d'y remédier. Comme le note le chapitre 2 du tome 6 du projet de loi de finance pour 2002, «le Commissaire européen à l'énergie a souligné à plusieurs reprises que l'objectif poursuivi par les Quinze n'est pas d'obtenir l'ouverture de quinze marchés distincts, mais bien la constitution d'un marché unique du courant électrique». D'autre part, la Commission, à la suite des forums de Florence et de Madrid, a fait une proposition de règlement concernant les conditions d'accès au réseau pour les échanges transfrontaliers. Il s'agirait de conférer à la Commission des compétences susceptibles de faire d'elle un régulateur européen de l'énergie. Enfin, elle a aussi adopté, le 20 décembre 2001, une proposition de décision sur les réseaux transeuropéens dans le secteur de l'énergie, qui, dans le but de lutter contre les congestions, apporte un soutien financier de la communauté à des projets prioritaires. Tout cela va dans le bon sens, et EDF devrait soutenir, de façon peut-être plus visible, et en tout cas plus active, les efforts de la Commission en ce sens. S'il est des avantages à attendre de l'ouverture, ils sont liés à l'intensification des échanges intra-européens d'électricité. Cela suppose, outre la construction de nouvelles lignes transfrontalières, une désegmentation des marchés et, par conséquent, l'émergence d'un régulateur européen.

LA QUESTION DE L'AUTOSUFFISANCE
ET DE L'INDÉPENDANCE ÉNERGÉTIQUE

L'ouverture du marché de capacités à des « centrales privées » pose la question de la faisabilité, au niveau européen, d'une politique énergétique, i.e. de l'adoption d'un mix énergétique défini. Or les législateurs n'ont pas envisagé le débat autour de l'ouverture sous cet angle, jusqu'ici du moins. Cela dit, toute construction de nouvelles capacités étant soumise à autorisation, les pouvoirs publics nationaux peuvent contrôler l'évolution du mix énergétique sur leur territoire : plus globalement, ils sont en mesure d'imposer leurs options et de contraindre les choix des entreprises. Mais compte tenu des interconnexions – qui devraient jouer un rôle majeur dans la constitution du marché et la facilitation des échanges – et des stratégies des électriciens (un client industriel desservi par RWE en France l'est par une centrale hors frontières), le problème de cohérence au niveau européen est réel. Les attributions des États sont larges mais ledit problème de cohérence au niveau européen peut conduire à vider totalement de leur sens les choix énergétiques nationaux. En outre, la préparation de l'avenir dans ce domaine nécessite, au préalable, que les États disposent d'un appareil industriel performant, ce qui est loin d'être le cas compte tenu de règles du jeu incomplètes et du manque d'organisation globale que nous venons de rappeler.

Pourtant, sans politique commune, la dépendance énergétique de l'Europe est appelée à croître considérablement, d'environ 50 % aujourd'hui à 71 % en 2030. Des objectifs de long terme sont donc absolument nécessaires. Or, on peut faire le constat que la réflexion en matière de politique énergétique porte sur une échéance à 2010 (surtout en France) alors qu'il est assuré que des ruptures ou des inflexions interviendront dans la période 2010-2020 et au-delà (épuisement des ressources d'hydrocarbures, «choc CO_2», etc.). On peut en conclure, du moins provisoirement, que les décisions prises ne seront, à plus ou moins long terme, plus applicables.

Les perspectives énergétiques de l'Agence internationale de l'énergie, de la Commission européenne et du Commissariat au Plan, ainsi que les interrogations soulevées par le rapport Charpin sur la programmation pluriannuelle des investissements en France, conduisent à deux constats majeurs. D'une part, la situation énergétique et institutionnelle à cinq ou dix ans n'est pas représentative du long terme (vingt à trente ans), ce qui induit une anticipation à longue échéance potentiellement erronée : les marchés de gros sont aujourd'hui limités au court terme (un à deux ans) – ce qui est insuffisant pour orienter des choix d'investissement en moyens de pointe (problème à cinq ans) comme en moyens de base (premières décisions à cinq ou dix ans dans certains États membres) – et le prix du gaz, relativement bas[3], risque de susciter une bulle gazière sous forme de surinvestissement dans les centrales utilisant cette énergie. D'autre part, l'Europe dans vingt à trente ans connaîtra une assez grande fragilité énergétique : hausse globale (+20 %, +50 %, +...?) des coûts des filières d'approvisionnement énergétique (gaz, pétrole, charbon propre, énergies renouvelables...) ; dépendance énergétique en hausse (71 % en 2030) vis-à-vis d'un nombre réduit de pays producteurs (pétrole et gaz) ; émissions de CO_2 en hausse, supérieures d'au moins 10 à 20 % en 2030 à celles de 1990 (objectifs de Kyoto : émissions de 2010 inférieures de 8 % à celles de 1990) ; nécessité d'investissements lourds et « durables » pour renouveler le tiers ou la moitié des parcs de production d'électricité, en l'absence de consensus sur la nature du renouvellement (gaz importé, charbon propre, ou nucléaire accepté ?) ; etc. Sur ces points, l'Europe apparaît plus fragile que les États-Unis.

Il est ainsi difficile pour les pouvoirs publics de définir leurs orientations de long terme pour au moins trois raisons : le développement des marchés en l'absence de régulations homogènes accroît les incertitudes sur l'avenir ; l'absence de consensus sur les choix énergétiques, comme en témoignent les débats autour du nucléaire, demeure un obstacle à l'intégration du marché ; et enfin, le manque d'harmonisation des politiques environnementales en Europe risque de rendre illusoires les choix nationaux, sauf à vider d'une grande partie de sa substance le développement du grand marché intérieur.

La question est de savoir, entre autres, si l'exigence de l'autosuffisance énergétique est déclinée au niveau européen ou à celui des nations. Le principe même du marché intérieur est de concevoir l'adaptation de l'offre et de la demande à l'échelle européenne. Ce n'est qu'à cette condition que la concurrence permettra d'intégrer et d'améliorer la gestion du parc européen existant afin de réduire à moyen terme les besoins d'investissements. Il s'agit d'abord de pouvoir intégrer les marchés nationaux en sous-capacité de production avec les marchés nationaux en surcapacité de production, en partant d'une situation où les réseaux ont été développés à l'origine pour mutualiser ces risques. L'Italie et l'Espagne, par exemple, ont, à réseaux donnés, intérêt à s'approvisionner sur la plaque continentale européenne.

Or, une telle intégration aurait une réalité limitée si la question de la sécurité d'approvisionnement n'avait de réponse qu'au seul niveau national[4]. Ce serait par exemple le cas si l'Italie, en prévision d'une vague de froid, n'accordait qu'une confiance limitée au marché de gros européen et préférait développer ses moyens propres de production. Ce serait aussi le cas si, pour la même raison de crainte de tension à la pointe de demande nationale, les pouvoirs publics en France décidaient d'organiser des appels d'offres pour moyens de pointe (idée évoquée par le rapport au Parlement de janvier 2002)[5].

La conjugaison de politiques nationales d'autosuffisance conduirait ainsi à favoriser les surcapacités dans chaque État... et rendrait inutile le rôle du marché de gros émergeant au niveau européen. Pour vraiment tirer profit du marché intérieur, la sécurité d'approvisionnement (incluant le principe d'autosuffisance en production d'électricité) devrait être assurée au niveau européen. Cela impliquerait notamment une coordination étroite sur le développement des interconnexions, sur les règles d'accès au réseau, sur le suivi des déclassements/renouvellements des centrales de production, etc.

Dans le cas contraire, il faudrait plutôt parler du coût de la non-Europe *politique* : on ne peut bénéficier des effets supposés de la concurrence sur l'optimisation des investissements que si l'Europe évolue vers une structure plus fédérale d'organisation des marchés. La responsabilité énergétique européenne est donc d'abord une question politique, non réductible aux seules questions techniques : au fond, les États sont-ils prêts à accepter une dépendance mutuelle qui se rajouterait à celle externe vis-à-vis de pays tels que la Russie et l'Algérie, notamment ? Si tel n'était pas le cas, quel sens et quelle justification donner au marché intérieur ? Cet enjeu est fondamental pour l'autonomie de l'Europe et donc pour l'intérêt général, mais aussi pour EDF dans la mesure où la définition d'une politique à l'échelle européenne lui permettrait à la fois d'exporter davantage, pour autant que les lignes transfrontalières le lui permettent, et de reconsidérer sa politique d'investissement.

Notes

1. Du moins jusqu'à présent, sans préjuger des évolutions et débats en cours.

2. Voir, sur ces points, J.-P. Fitoussi, *La Règle et le Choix. De la souveraineté économique en Europe.* Le Seuil, « La République des Idées », 2002.

3. En admettant ici que l'on attribue les hausses très récentes à des raisons conjoncturelles.

4. Ce qui serait normal en l'absence d'une véritable politique européenne, en raison des enjeux stratégiques de l'autosuffisance énergétique.

5. Rapport au Parlement : *Programmation pluriannuelle des investissements de production électrique,* 29 janvier 2002.

CHAPITRE 4

Service public, développement durable et entreprise du troisième type : pouvoirs publics et entreprises dans le secteur de l'électricité

UN PREMIER ESSAI DE DÉFINITION

Il est relativement difficile de définir chacun des concepts réunis dans le titre de ce chapitre, chacune des définitions pouvant susciter la controverse. Mais s'il est difficile de définir un éléphant, comme le disait Joan Robinson, il est facile de le reconnaître quand on le rencontre.

Des trois concepts, celui de service public est le mieux cerné. Les traités européens et la Commission préfèrent utiliser la notion de service universel, définie comme « le service offert à tous dans l'ensemble de la communauté, à des conditions tarifaires abordables, et avec un niveau de qualité standard ». Mais sous le vocable d'« universel » c'est le même triple souci d'égalité, de continuité et de qualité qui caractérise généralement ce que l'on appelle le service public.

La notion de développement durable *(sustainable development)* est plus floue : « Un développement qui répond aux besoins du présent sans compromettre la capacité des générations futures de répondre aux leurs[1]. » Elle procède du souci de répondre aux impasses sociales et écologiques de la croissance, en se donnant pour projet de rechercher l'équité à la fois intra- et inter-générationnelle.

Sur le plan théorique, on pourrait considérer que la notion de développement durable étend celle de service public aux générations futures, en même temps qu'elle introduit une préoccupation de service public dans les relations entre pays développés et monde en développement. Il s'agit de préserver la planète, pour que des services publics de qualité, concernant les biens essentiels, puissent être offerts dans les pays en développement et aux générations futures. « Maintenant, ailleurs et demain » pourrait être la maxime qui réunit les deux notions. Il faut cependant reconnaître que la crédibilité de la notion est faible. Les bons sentiments ne suffisent pas à définir une politique. L'horizon du développement durable est fort éloigné de celui de la politique comme de celui des marchés. L'altruisme sur lequel s'appuie un tel concept se heurte à la fois au fondement même de l'économie de marché – la recherche exclusive de l'intérêt individuel – et à l'égoïsme, plus collectif si l'on peut dire, des nations. « Ce n'est pas de la bienveillance du boulanger que nous attendons notre dîner, mais bien du soin qu'il apporte à son intérêt », écrivait Adam Smith. De même, l'aide aux pays en développement a obéi à des motivations davantage stratégiques qu'altruistes, et a toujours été inférieure aux montants figurant dans les déclarations solennelles des États-nations.

Le problème est que l'altruisme intergénérationnel, notamment, suppose d'« internaliser » dans les coûts les «externalités» négatives pour les générations futures produites par le développement économique. L'existence d'externalités suppose l'intervention de l'État pour optimiser le fonctionnement de l'économie de marché. Et l'on perçoit pourquoi un pays isolé pourrait répugner à le faire, de crainte d'imposer à son économie une augmentation de coûts qui nuirait à sa compétitivité. L'existence de politiques communes en Europe permettrait en grande partie de remédier à cet état de fait, d'autant que la demande sociale pour une meilleure maîtrise des nuisances suscitées par le développement de la consommation d'énergie se fait sans cesse plus pressante, et pourrait contraindre ainsi le politique à intégrer des préoccupations de plus long terme.

Le développement durable implique par conséquent que les choix réalisés en Europe et pour l'Europe tiennent compte des deux parties non représentées au moment de ces choix, à savoir le monde en développement et les générations futures. On perçoit, dès lors, que la question de l'indépendance énergétique n'est pas seulement une préoccupation géostratégique, mais qu'elle peut s'inscrire dans une politique de non-épuisement des ressources naturelles non renouvelables, et qui favorise donc le développement des pays les moins riches tout en préservant les choix des générations futures[2]. Sinon, l'épuisement rapide des ressources non renouvelables conduirait à retirer aux pays en développement les moyens qui ont assuré la croissance des pays riches d'aujourd'hui. Il existe sur ce point une réelle occasion de progrès, puisqu'une motivation a priori égoïste – le désir de protection nationale que permet l'indépendance énergétique – pourrait se révéler de facto et, presque involontairement, altruiste.

Pour continuer à décliner les catégories de l'intérêt général, les «utopies réalisables», pour reprendre l'expression d'Edgar Morin, le troisième concept, celui d'entreprise du troisième type, devrait pouvoir assurer la liaison entre les trois exigences de la profitabilité, du service public et du développement durable qui inclut celle d'une gestion digne des ressources humaines. L'entreprise du troisième type se définit donc comme l'articulation entre ces trois niveaux de préoccupations. Le problème reste de savoir quelle importance relative vont leur accorder les «règles du jeu» liées au marché. En effet, dans le cadre d'une entreprise sur un marché concurrentiel, le profit est l'élément clef de sa survie, ce qui revient à privilégier l'une des parties prenantes (*stakeholders*) au détriment des autres. Cinq «parties prenantes» peuvent en effet être distinguées : le client, qui prend une dimension particulière dans le cadre d'un service public; les actionnaires; les personnels de l'entreprise; les générations présentes[3] et les générations futures.

On pourrait proposer la typologie suivante. L'entreprise du troisième type serait celle qui intègre l'ensemble des partenaires dans le cadre d'une logique spécifique de temps long; celle du second type privilégierait les trois premiers; celle du premier type enfin ne considérerait que les deux premiers. Aussi, l'entreprise du troisième type est celle qui doit chercher à concilier les incompatibilités liées aux intérêts divergents des cinq catégories de partenaires.

Les conflits semblent moins probables (sauf en cas de comportements corporatistes) entre les personnels d'une part, les générations futures et présentes d'autre part (dans le premier cas parce que toute évolution qui contribue à une réduction de la précarité permet d'assurer une meilleure éducation des plus jeunes, dans le second cas parce que la fermeture d'un site pourvoyeur d'emplois peut déstabiliser les équilibres socio-économiques de la zone concernée, etc.). En revanche, des comportements corporatistes nuisent à l'équité intra-générationnelle, en ce qu'ils ont pour motivation de capter à leur profit et au détriment des autres catégories de la population une plus grande part du surplus global que l'activité économique a permis de générer. Les rémunérations qui en résultent contiennent ainsi une part de rente prélevée sur l'activité des autres, c'est-à-dire de revenus non gagnés. Mais il est très difficile dans nos sociétés modernes de faire le départ entre ce qui ressortit à rente et ce qui ressortit au travail dans les différentes activités. Chacun a tendance à penser que les nantis, ceux qui bénéficieraient d'avantages indus, sont toujours les autres. Les avantages acquis ne doivent en aucun cas être assimilés à des rentes, car ils sont le plus souvent la conséquence de luttes sociales qui ont permis le progrès général de l'économie. Ainsi, sauf en des cas extrêmes et qui ne sont presque jamais ceux stigmatisés par l'air du temps, les personnels, et leur gestion, produisent généralement des externalités positives tant pour les générations présentes que pour les générations futures. Par contre, le règlement des conflits potentiels entre générations présentes et générations futures est du ressort de la puissance publique, alors que les conflits d'intérêts entre personnels et actionnaires d'une part, clients et actionnaires d'autre part ne peuvent être arbitrés par des solutions simples, sauf dans le cadre de marchés concurrentiels parfaits.

La notion de « service public généralisé » peut être définie comme l'ensemble des contrats et règles qui permettent de réduire et de gérer ces conflits d'intérêts, autrement dit, qui visent à faire converger l'ensemble des partenaires vers un intérêt commun. Cette définition nous ramène cependant à une contradiction déjà soulignée dans la première partie, à savoir que l'on continue de raisonner dans une économie de marché comme si les exigences en termes de retour sur fonds propres conduisaient à rémunérer en premier lieu l'actionnaire et à distribuer le « résidu » entre les autres parties. Ce raisonnement peut conduire certains à penser qu'il existe une situation d'optimum de second rang *(second best)* dans laquelle l'entreprise du troisième type viserait seulement un partage équitable du surplus restant entre l'ensemble des parties. Si l'on considère une situation fictive dans laquelle le retour sur fonds propres est fixé à 10 %, une entreprise du troisième type maximisant le *second best* distribuerait de manière équitable le résidu entre l'ensemble des autres parties prenantes. Cela signifierait, de fait, que les exigences de la solidarité ne pèseraient que sur les salariés. Mais toute situation dans laquelle le seuil de 10 % ne serait pas atteint poserait problème. En réalité, les choses ne sont pas aussi simples : dans une économie de marché, la rémunération du capital (pas plus que la rémunération du travail) ne peut être considérée comme « exogène », autrement dit, dépendre de facteurs purement extérieurs. Elle dépend de la productivité du capital lui-même et ne peut être sur le long terme durablement supérieure au taux de croissance de l'économie ou du secteur (à une prime de risque près). Les promesses exorbitantes de retour sur fonds propres n'engagent que ceux qui les écoutent et aboutissent généralement à des pertes en capital, comme la période récente de déflation boursière nous le rappelle.

Ces considérations nous mènent à deux conclusions provisoires.

D'une part, des règles du jeu transparentes, s'appliquant indifféremment à toutes les entreprises d'un même secteur, ne peuvent émerger que si les pouvoirs publics interviennent pour définir les modalités d'intégration de l'intérêt des différentes parties prenantes, notamment de celui des générations présentes et futures. En d'autres termes, une entreprise du troisième type ne peut vraiment survivre dans un environnement concurrentiel qu'à condition que les règles soient elles-mêmes du troisième type.

D'autre part, un comportement d'entreprise du troisième type est favorisé si une partie du capital est contrôlée par des acteurs ayant une vision de long terme ou ayant un intérêt différent, mais non nécessairement conflictuel, de celui des actionnaires. Plus précisément, EDF ne peut rester ou devenir une entreprise du troisième type qu'à la condition qu'une partie de son capital reste publique.

Dans un secteur aussi sensible et aussi névralgique que celui de l'électricité, l'articulation entre le court et le long terme est une nécessité et revient *in fine* à l'adoption d'un principe de précaution. La présence de l'État dans le capital de l'entreprise permet d'assurer la réversibilité des décisions, dans l'hypothèse où l'organisation concurrentielle du marché, ou sa régulation, se révéleraient inappropriées. L'exemple des transports terrestres au Royaume-Uni, de la crise californienne de l'électricité ou de la grande panne de New York devrait susciter au moins la réflexion.

LA CONGRUENCE DES NOTIONS DE SERVICE PUBLIC ET DE DÉVELOPPEMENT DURABLE

Nous avons raisonné jusque-ici comme s'il existait une « empathie » entre les notions de service public et de développement durable, cette hypothèse étant elle-même nécessaire à la définition d'une entreprise du troisième type. Cette congruence n'est pas fortuite, sa possibilité est inscrite dans la nature même de l'électricité, de son importance pour les populations, et dans les caractéristiques de sa production. Il s'agit, nous l'avons vu, d'un « bien primaire » au sens de Rawls – c'est-à-dire dont la consommation est indispensable à la vie des gens, à leur dignité – et c'est la raison pour laquelle sa fourniture est du ressort d'un service public. C'est certes un bien marchand, mais il existe un « droit » à l'électricité, comme il existe un droit à la santé ou à l'éducation. L'égalité d'accès à ce bien sert l'équité intragénérationnelle mais, pour être mise en œuvre, elle suppose qu'on considère ouvertement le long terme. Dit autrement, le secteur de l'électricité ne peut fonctionner que parce qu'il prend également en compte, d'une façon ou d'une autre, certains des inté-rêts des générations futures ; les investissements y sont de long terme, voire de très long terme ; le souci de pré-server l'indépendance énergétique du pays revient à assurer la pérennité de l'approvisionnement des géné-rations à venir.

Les exigences de continuité et de mutabilité du ser-vice public peuvent être interprétées de la même manière pour d'autres domaines. Dès que l'activité considérée est régie par les principes du service public, certaines des dimensions du bien-être des générations futures sont prises en compte. Mais, en matière d'électricité, activité qui exige la consommation de ressources non renouvelables et/ou l'utilisation de techniques de production risquées, l'application de ces principes oblige à aller plus loin. L'égalité d'accès des générations futures ne peut être assurée que si le progrès technique permet de substituer aux ressources naturelles en voie d'épuisement des ressources artificielles manufacturées, ou permet d'utiliser d'autres ressources naturelles dont l'horizon de l'épuisement est plus lointain – le passage des techniques de production fondées sur le charbon, le gaz ou le pétrole, aux techniques nucléaires et aux énergies renouvelables par exemple. Cela implique que l'on trouve les moyens de financement nécessaires à la production du capital de substitution, de façon que le stock de capital total (naturel et artificiel) demeure suffisant, c'est-à-dire constant ou croissant à la mesure des besoins. La combinaison des principes d'Hotelling et d'Hartwick suppose alors que le prix des ressources naturelles comporte une part de rente, et que cette part croisse à un taux égal au taux d'actualisation. Concrètement, pour y parvenir, il faut instituer une taxe sur la consommation des ressources naturelles non renouvelables.

Mais si l'on veut penser jusqu'au bout la congruence entre service public et développement durable, il faut prendre en compte une autre dimension. Il ne suffit en effet pas de maintenir intacte la capacité de production de l'électricité pour la chaîne des générations, encore faut-il que les générations futures n'héritent pas d'un monde dégradé. À supposer que la production d'électricité n'exige pas la consommation de ressources non renouvelables – ou que ces dernières soient disponibles dans une telle grande abondance que le problème de leur épuisement devienne métaphysique – mais que dans le même temps, les techniques qu'elle utilise causent des pollutions durables au point d'affecter le bien-être des générations présentes et à venir, le problème de l'égalité d'accès à un produit joint (électricité *et* qualité de l'environnement) se poserait tout autant.

Après tout, l'épuisement des combustibles fossiles n'est pas la seule externalité négative planétaire de l'activité économique des hommes, l'«effet de serre», ou plus précisément, les variations climatiques en sont une autre. Ces dernières sont en effet un phénomène mondial : le gaz carbonique, quel que soit le lieu de son émission, fait le tour du monde en quelques jours. Or l'effet de la combustion est durable. Comme le souligne Arrow, «il augmente pour toujours (ou presque) la teneur en gaz carbonique de l'atmosphère. En conséquence, la combustion présente produit des dommages pour un avenir illimité, et empêcher la combustion est un investissement, car les bénéfices en termes de dommages évités durent pour toujours... Les effets [de la combustion] sont très incertains. Ils peuvent être très faibles ou très importants. Ils peuvent varier énormément d'une région à l'autre, en étant très importants dans certaines zones et très faibles dans d'autres[4]». La limitation de la pollution est donc une activité d'investissement, et de ce point de vue au moins, les dépenses liées aux économies d'énergie et à la production d'énergie nucléaire peuvent être considérées comme de bons investissements, puisqu'elles limitent l'émission de gaz carbonique.

On peut tirer au moins quatre conclusions de ce qui précède. Tout d'abord, la limitation du taux d'épuisement des ressources naturelles non renouvelables, en même temps que celle de l'émission de gaz carbonique afin d'empêcher les variations climatiques, sont des investissements publics destinés à fournir un bien public qui ne peut être produit par le marché. D'où l'importance de la détermination du taux d'actualisation applicable à de tels investissements. Arrow propose un chiffre situé entre 4 et 5 %, et même si l'évaluation de ce chiffre est l'objet de débats (en faveur notamment de taux plus bas pour des horizons de temps très éloignés), elle a pour mérite de souligner – ce qui en revanche n'est pas matière à discussion – que ce taux doit être bien inférieur à celui appliqué à l'investissement privé.

La deuxième conclusion porte sur l'internalisation de ces externalités. Puisqu'il s'agit de phénomènes aux conséquences planétaires, il serait souhaitable d'étendre la notion de service public, elle aussi, à l'échelle planétaire. Il s'agit certes d'une utopie, mais elle semble gagner des voix : si, en effet, chaque service public national de l'électricité intègre ces préoccupations (et il semble que ce soit le cas pour l'Europe même si pour l'instant les discours l'emportent sur les actes), le résultat final consisterait à fournir un bien public mondial.

La troisième conclusion est que le progrès technique, notamment en matière de traitement et de sécurisation des déchets, pourrait conférer, sous certaines conditions, à l'énergie nucléaire un quadruple dividende (!) : indépendance énergétique, réduction de la prédation sur les ressources naturelles non renouvelables, réduction de l'émission de gaz carbonique, prix plus faible pour les usagers du service public. C'est pourquoi ces avantages du nucléaire, qui sont pour l'instant encore tabous, doivent non seulement être dits mais portés sur la place publique de façon qu'un vrai débat s'instaure, que les questions techniques soient exposées simplement mais en toute objectivité, mais aussi que les incertitudes et les dangers potentiels soient aussi clairement soulignés. En ce domaine, tout est préférable à un silence gêné, qui fait soupçonner l'existence occulte d'un groupe de pression. Il faudrait au contraire suivre la recommandation que Keynes fit à l'occasion d'une autre question controversée : « J'aimerais, si je peux, provoquer une controverse violente – une véritable discussion du problème – dans l'espoir que quelque chose d'utile émerge de la lutte intellectuelle. » Nous tenterons dans le cinquième chapitre de ce rapport d'exposer les principaux éléments de ce débat.

La quatrième conclusion ne fait que rappeler une évidence : il est indispensable, si l'on veut progresser sur les questions du service public et du développement durable, que l'implication des pouvoirs publics, directe ou indirecte, soit forte.

GOUVERNANCE D'ENTREPRISE, SERVICE PUBLIC ET PRIVATISATION

Les considérations qui précèdent serviront de fil directeur pour aborder le problème de la gouvernance d'une entreprise du troisième type. Même si la tentation est grande de vouloir étendre le concept à de nombreux secteurs d'activité, je n'y céderai pas pour la simple raison que l'entreprise du troisième type n'est pas une catégorie postulée a priori, et qui aurait vocation à s'appliquer à la gestion future des entreprises dans une économie de marché, mais une réponse en termes de mode d'organisation d'un secteur de l'économie doté de caractéristiques spécifiques. Il s'agit en effet d'un secteur en charge d'une mission de service public qui concerne la fourniture d'un bien primaire, dont la production peut avoir un impact important sur l'environnement et le développement. Sa régulation est par ailleurs complexe et non stabilisée puisqu'il n'est pas stockable. Cet ensemble de particularités, auxquelles il convient d'ajouter les préoccupations légitimes d'indépendance énergétique, font du secteur de l'électricité un secteur si spécifique que l'on ne peut a priori décider d'appliquer aux entreprises qu'il englobe les mêmes modes de régulation et de gouvernance qui caractérisent la majeure partie de l'économie ou même d'autres services publics.

Gestion publique et gestion privée des services publics

Initialement les trois grands principes de continuité, égalité et mutabilité qui caractérisent la notion de service public sont conçus pour assurer la subordination juridique de l'État au droit administratif. Comme le note l'étude IDEI réalisée pour EDF : « C'est avec une claire conscience de la nécessité de limiter le pouvoir de l'État que s'élabore la doctrine des services publics, avec donc un certain scepticisme sur la bienveillance de l'État. Par la suite l'intégration du service public dans le droit s'effectue au prix d'une sensible dérive par rapport aux thèses de Léon Duguit. L'État va troquer une limite de son pouvoir au travers du droit administratif contre un postulat de bienveillance. Il est considéré comme exclusivement préoccupé du bien-être de tous... Le service public à la française intègre une hypothèse de bienveillance illimitée des gouvernants, de l'administration et par extension des entreprises publiques[5]. »

L'hypothèse de bienveillance de l'État est absolument centrale dans la comparaison entre gestion publique et gestion privée. Sappington et Stiglitz[6] ont montré que la gestion publique par un gestionnaire bienveillant domine toujours la gestion privée, même dans un monde où l'information est décentralisée et où il faut tenir compte des incitations privées des agents économiques. Sans entrer dans les complexités de l'analyse, ce résultat est intuitivement évident. Si le seul objectif des gouvernants est l'intérêt général – au sens de la maximisation d'une fonction de bien-être social –, il n'est pas besoin d'un autre représentant au conseil d'administration d'une entreprise publique pour en faire une entreprise du troisième type.

Mais ce résultat suppose la satisfaction d'autres conditions liées à l'information et aux limites d'engagement de l'État à long terme. Par exemple, un État bienvéillant et informé cherchera à extraire toute la rente de l'activité concernée, ce qui est une bonne chose, mais peut cependant décourager les investissements spécifiques non contractualisables réalisés par ses dirigeants, et qui pourtant accroîtraient l'efficacité de l'entreprise[7]. Rien n'empêche toutefois l'État d'une part de s'engager dans des contrats de plan, et, d'autre part, de prévoir des incitations favorables aux investissements spécifiques, ce qui équivaut à permettre aux personnels de l'entreprise de bénéficier partiellement de la rente qui en découle, le reste revenant à la collectivité. Il n'est pas écrit sur du marbre que la gestion par l'État ne puisse intégrer un système d'incitation susceptible d'accroître l'efficacité de la gestion des services publics.

La supériorité potentielle de la gestion privée ne se pose donc que si les gouvernants ne sont pas vraiment bienveillants, au sens où ils poursuivraient un objectif composite d'intérêt général et d'intérêt particulier. Une façon simple de représenter un tel comportement a été proposée par Laffont[8]. La non-bienveillance de l'État est représentée dans son modèle par un régime démocratique dans lequel chaque majorité poursuit les intérêts de ses électeurs. La conclusion est en ce cas qu'« en régime de propriété publique, la majorité au pouvoir s'approprie la rente du monopole naturel alors qu'en régime de propriété privée, elle ne peut que l'abandonner à l'entreprise, quitte à l'influencer par son choix de politique économique[9] ». Une perte sociale s'ensuivrait. Mais même dans cette hypothèse, il n'existe pas de résultat général permettant d'affirmer la supériorité de la gestion privée, car tout dépend des circonstances — coût des fonds publics, importance des majorités, efficacité du monopole régulé, agenda privé des gouvernants, etc.

Les travaux empiriques sur le sujet, fondés sur les expériences de privatisation, n'aboutissent à aucun résultat susceptible d'emporter la conviction. Et surtout, aucune de ces recherches ne permet de conclure quant à l'efficacité avec laquelle les entreprises privatisées remplissent leur mission de service public. Il existe de surcroît des cas où l'appropriation de la rente par des entreprises privées est patente.

Digression : démocratie et intérêts des majorités

À ce stade, une remarque s'impose. Depuis longtemps, en tout cas depuis le théorème d'impossibilité d'Arrow, les économistes rêvent d'un dictateur bienveillant dont l'utilité sociale permettrait d'assurer l'efficacité économique dans l'intérêt général.

Les critères utilisés pour juger du bien-fondé d'une politique ou d'une réforme (ici, la privatisation d'entreprises publiques) sont, en effet, généralement des critères d'efficacité économique. Il y a près de vingt ans déjà, Dan Usher[10] proposait d'utiliser un autre critère. Telle réforme est-elle susceptible de renforcer la démocratie ou, au contraire, de l'affaiblir, d'accroître l'adhésion des populations au régime politique ou de la réduire? Il est admis aujourd'hui qu'il s'agit du bon critère. Quel serait en effet le destin d'une réforme à laquelle les gens n'adhéreraient pas? Et au nom de quelle prétendue efficacité les contraindrait-on à un degré moindre de solidarité que celui qu'ils souhaitent? La démocratie de marché suppose ainsi une hiérarchie entre système politique et système économique. La démocratie n'est pas seulement un régime politique, mais une valeur, alors que le marché est un moyen qui pour l'instant s'est révélé compatible avec la démocratie. La définition provisoire de l'entreprise du troisième type que nous avons donnée suppose la même hiérarchie.

Heureusement, les relations entre démocratie et marché ne sont pas seulement conflictuelles, elles sont aussi complémentaires. La démocratie, en empêchant l'exclusion par le marché, accroît la légitimité du système économique; et le marché, en limitant l'emprise du politique sur la vie des gens, permet une plus grande adhésion à la démocratie. Ainsi, les principes qui régissent les sphères politique et économique se limitent mutuellement.

Peu de gens adhéreraient en effet à la démocratie si leur destin était entièrement dépendant de l'issue de chaque vote. Pourtant, « d'une façon ou d'une autre, toute société doit décider de qui sera riche ou pauvre, de qui commandera et sera commandé, de qui occupera les emplois considérés généralement comme désirables, et ceux généralement considérés comme peu désirables[11] ». Confier la dévolution des richesses et des emplois à la démocratie ne peut conduire qu'à un résultat instable qui, à terme, remettrait en cause l'existence même de la démocratie. D'autres systèmes d'« équité », au sens de Dan Usher, doivent donc exister et qui soient indépendants du jeu politique, comme le système du mérite, celui du marché, celui de l'économie sociale, celui du service public, etc. Un système d'équité doit remplir deux conditions : il doit être faisable (c'est-à-dire praticable) et acceptable. La faisabilité est une question de degré : si le revenu national est réparti à 100 % sans l'intervention du politique, il n'y a plus place pour le politique, donc pour la démocratie. Si, au contraire, 80 % de leurs revenus dépendaient de l'issue d'une élection, les individus formeraient des coalitions, des factions, etc., qui rendraient impossible la vie démocratique. Un système d'équité est donc faisable si une part importante du revenu de chacun est déterminée par des processus non politiques. Un système d'équité est acceptable s'il ne lèse pas une majorité relative des citoyens qui, du coup, auraient un intérêt à ce que le système change.

D'un autre côté, rien dans le mécanisme du marché ne garantit l'inclusion, ou si l'on préfère, rien n'empêche l'exclusion de citoyens du système, parfois définitivement. Le résultat le plus brutal de la théorie pure du capitalisme libéral peut s'énoncer ainsi : dans une économie régie par les lois de la concurrence pure et parfaite, où le gouvernement se garde de toute intervention, le plein-emploi est assuré… parmi les survivants. Il ne s'agit pas d'une plaisanterie. Ce résultat a été scientifiquement et rigoureusement établi. Sa portée est considérable en ce qu'il prouve exactement le contraire de ce que les idéologies simples du libéralisme voudraient nous faire accroire : la nécessité de l'intervention de l'État dans le jeu économique[12] et le rôle essentiel des services publics.

Pour que l'économie de marché soit acceptable, la démocratie implique donc que le politique puisse dire son mot dans les décisions de dévolution des revenus et des richesses. Il est d'ailleurs difficile d'imaginer une décision politique, que ce soit dans les affaires internes ou internationales, qui n'ait pas d'effet sur les revenus d'au moins une catégorie d'agents. Cela est particulièrement vrai d'une décision de privatisation ou de nationalisation.

Il existe dans chaque société une pluralité de systèmes d'équité qui restent stables au cours du temps parce que les électeurs ne souhaitent pas les remettre en cause. Mais cette stabilité est relative, car le travail lent et permanent de la démocratie est de toujours les corriger à la marge de sorte qu'ils peuvent apparaître à un moment donné (par effet d'accumulation de décisions politiques) fort éloignés du principe pur qui les définit. Dans les démocraties concrètes aujourd'hui, les prélèvements obligatoires n'ont jamais été aussi élevés, entre 35 % et plus de 50 % du revenu national. Cela signifie que les gouvernements redistribuent une part importante des revenus primaires perçus par les populations. Cette montée en puissance de la redistribution ne s'est pas faite en un jour. Elle signifie que le système qui préside à la dévolution des revenus, des emplois et des richesses intègre aux principes initiaux toute une série de décisions politiques prises sous l'empire de la démocratie (services publics, système de protection sociale, structure de la fiscalité, réglementation de l'accès à certaines fonctions ou professions, etc.). En d'autres termes, les systèmes d'équité sont manipulables par la démocratie aux fins d'en accroître leur caractère acceptable.

Cette digression permet de comprendre pourquoi, quel que soit l'agenda privé des gouvernants, une démocratie ne peut fonctionner au seul bénéfice de la majorité. On en reviendrait alors à un jeu de factions qui rendrait la démocratie ingouvernable. L'ampleur de la captation de la rente d'une entreprise publique au profit de la majorité ne peut donc être que relativement limitée.

Méthodes de gouvernance et entreprise du troisième type

Une entreprise privée peut-elle être du troisième type au sens où nous l'avons défini ? En principe, l'objectif poursuivi par l'entreprise est la maximisation du profit. Cet objectif librement interprété par les dirigeants de l'entreprise peut conduire à des stratégies très différentes. Jusqu'à la fin des années 1970, il servait la domination du « manager » sur toutes les autres parties impliquées dans l'entreprise. Le problème de la gouvernance d'entreprise devint alors une préoccupation légitime : comment équilibrer le pouvoir des dirigeants d'entreprises et celui des actionnaires ? Cette question est loin d'être tranchée, au regard des nombreux scandales (ou erreurs de gestion?) survenus en Europe et dans le monde ces dernières années. Dans un passage en revue de la littérature sur le sujet, Shleifer et Vishny[13] définissent la gouvernance d'entreprise comme l'ensemble des méthodes utilisées par les apporteurs de capitaux pour s'assurer d'un rendement correct sur leurs fonds. La valorisation boursière de l'entreprise fournissant alors une mesure «bruitée», c'est-à-dire imparfaite, des performances de l'entreprise et donc de la satisfaction de ses actionnaires. En principe, l'évaluation des cours boursiers prend en compte le long terme, même si leur marche souvent chaotique permet d'en douter. Mais soit. Cela signifie que les entreprises maximisent une fonction intertemporelle de profit et peuvent arbitrer entre profits présents et profits futurs ou, ce qui revient au même, entre *cash flow* et part de marché. Les marchés financiers sont supposés capables de discerner si cet arbitrage est judicieux en valorisant les actions de l'entreprise. Il s'agit pourtant d'un exercice difficile, les dirigeants de l'entreprise pouvant toujours légitimer une mauvaise décision présente par les perspectives de profit à long terme qu'elle rendrait possibles. Les années 1990 ont mis la barre haute sur les espoirs d'efficacité que la conjugaison de la rationalité des marchés financiers et des nouveaux modes de gouvernance des entreprises permettait d'atteindre. Mais force est de constater que pour un grand nombre d'actionnaires ces espoirs ont été déçus. La confiance dans la nouvelle gouvernance des entreprises a été sérieusement entamée. Et, à vrai dire, le modèle de gouvernance mis en place dans les années 1990 au profit supposé de l'actionnaire prend eau de toutes parts. Les managers ont su retourner à leur profit les exigences peu raisonnables de retour sur fonds propres des actionnaires, en s'octroyant des niveaux de rémunération fréquemment exorbitants. Au point que l'on peut se demander si ce qui apparaissait comme une exigence des actionnaires n'était pas simplement des promesses peut-être inconsidérées des dirigeants, mais dont l'effet était d'accroître leur emprise et leurs rémunérations. Il est en tout cas certain que la gouvernance des entreprises privées n'a pas été – c'est le moins qu'on puisse dire – ce lieu de rationalité et d'efficacité qui est généralement associé à la gestion privée.

Mais qu'en est-il alors des autres parties prenantes à l'entreprise (personnel, générations présentes, générations futures) ? Ces trois catégories résument une multitude d'acteurs dont certains sont liés par contrat avec l'entreprise (les salariés, les créanciers, les fournisseurs, les collectivités territoriales où sont implantées les entreprises), et d'autres ne le sont pas, tels les habitants des communes d'implantation, ceux qui peuvent éventuellement subir les effets de la pollution, les consommateurs et évidemment les générations futures. L'activité et les décisions des entreprises affectent le bien-être de toutes les parties considérées. L'efficacité économique suppose que ces externalités soient prises en compte par l'entreprise, c'est-à-dire internalisées. Cela est possible pour certaines d'entre elles dans la mesure où les contrats peuvent prévoir, et généralement, ils le font, des compensations (garanties pour les créanciers, dédit pour les fournisseurs, indemnités de chômage et/ou obligation de reclassement pour le personnel). Lorsque ces contrats sont incomplets, ce qui est généralement le cas, les cours de justice se chargent de les compléter en tentant de respecter l'esprit du contrat initial[14]. Pour les parties non liées par contrat à l'entreprise, il dépend de l'intelligence des instances de régulation, de leur indépendance et de la clarté de leur mission, de permettre une internalisation satisfaisante des conséquences de l'activité des entreprises et de leurs défaillances sur le bien-être de ces catégories.

Voilà pour la théorie. En pratique, tous ces dispositifs sont imparfaits, ce qui permet toujours de rejeter sur la collectivité des coûts qui ne devraient pas lui incomber. La société civile tente alors de remédier à ces imperfections par des actions collectives (associations de consommateurs, de protection de l'environnement, de respect de la nature…). Mais il va sans dire que ce type d'actions, même s'il est souvent efficace, reste partiel quand il ne devient pas partial, tant il se prête à de nombreuses manipulations dans les domaines où l'information est très technique et scientifique.

Les structures juridiques et institutionnelles, qui sont chargées dans nos sociétés de veiller au bien-être des *stakeholders*, sont insuffisantes pour garantir la possibilité d'un développement durable. Elles sont certes réactives et peuvent en intervenant *ex-post* corriger certains dysfonctionnements – la création d'une taxe sur les activités polluantes, le boycott d'un bien dont la production est obtenue grâce au travail des enfants – mais la complexité du problème de l'information nécessaire pour imaginer une mesure adéquate est telle que la réaction se révèle partielle ou aléatoire, ou trop tardive.

La pression sociale en faveur d'une entreprise citoyenne ou, dans les pays anglo-saxons, d'une *stakeholders society*, trouve ici sa légitimité. La création de valeur est un processus qui exige la coopération de nombreux acteurs – salariés, actionnaires, fournisseurs, société civile, pouvoirs publics centraux et territoriaux, etc. L'idée de l'entreprise citoyenne peut alors être formalisée par l'exigence d'une juste « rémunération » pour tous les intervenants à cette coopération. Il est évidemment souhaitable que la société dans son ensemble crée la plus grande valeur possible. Tout aussi importante est la question de la répartition de cette valeur entre les catégories sociales qui ont contribué à la créer. Or la production et la répartition ne sont pas des opérations indépendantes. Une répartition inéquitable, ou ressentie comme telle, peut désinciter à la création de valeur. Le discours des entrepreneurs contraints par les nouvelles méthodes de gouvernance des entreprises consiste à promettre aux actionnaires la plus grande création de valeur pour eux. Leur objectif est bien de faire en sorte que les actionnaires puissent capter à leur profit la part la plus importante de la valeur créée par l'activité d'entreprise et dont l'un des moteurs principaux est le travail des salariés. Or il peut arriver que « la création de valeur pour les actionnaires » soit en contradiction avec d'autres valeurs pour la société, plus précisément, qui concernent les autres parties prenantes (sans compter, comme nous l'avons vu, que même les actionnaires peuvent se retrouver perdants à ce jeu).

Il existe deux solutions à ce problème. La première est de donner aux chefs d'entreprise (et à leur conseil d'administration) des objectifs – sociaux, de protection de l'environnement, de modération dans l'utilisation des ressources non renouvelables, etc. – autres que la seule maximisation du profit. Ce qui revient à exiger qu'ils fassent preuve d'altruisme dans leur gestion. Mais une combinaison complexe d'objectifs difficilement quantifiables rend particulièrement délicate la mesure des performances réelles de l'entreprise. Comme ces différents objectifs subissent des arbitrages entre eux, une mauvaise décision peut toujours être légitimée par la prise en compte de ces arbitrages. Autant accepter alors que la direction de l'entreprise échappe à tout contrôle.

À supposer même que l'on puisse trouver des indicateurs fiables[15], et que les arbitrages puissent être rendus explicites et transparents, il n'est pas évident que les choix soient alors ceux qui maximisent le bien-être social. L'éthique est un bien public et la question de savoir qui en supporte le coût se heurte à ce qu'on pourrait appeler la tentation du passager clandestin. Chacun souhaite en effet en bénéficier, mais préfère que ce soient les autres qui en supportent la charge. La gestion éthique d'une entreprise, si elle conduit à un surcoût – dont les actionnaires accepteraient de supporter une part de la charge sous forme d'une rémunération moindre des fonds propres –, suppose aussi un consentement à payer de la part des clients ou des usagers du service public. Dans un monde ouvert à la concurrence, l'hypothèse que ce consentement à payer existe est *non sequitur*. Autrement dit, la gestion éthique dans une seule entreprise se heurte à l'objection opposée en son temps au « socialisme en un seul pays ». Les bons sentiments ne peuvent servir de normes de gestion à une entreprise, sauf à mettre en danger sa pérennité. De deux choses l'une : ou un comportement éthique revient à accepter volontairement un rendement moindre des capitaux investis, ou alors, comme le soulignent Jean-Jacques Laffont, David Martimort et Jean Tirole, « il augmente ou du moins ne diminue pas le profit de l'entreprise et dans ce cas l'on voit mal pourquoi ses dirigeants adopteraient un comportement socialement irresponsable [16]».

Une conclusion moins désespérante pourrait venir de l'application de la théorie des conventions sociales implicites développée par Akerlof [17] à la question de l'entreprise du troisième type. Pour que l'éthique serve de fondement aux comportements des agents, il faut qu'elle se transforme en une convention sociale. Une convention sociale est un ensemble de règles dont l'acceptation tacite par la société implique la stigmatisation (la perte de réputation) de l'individu qui les contourne [18]. En d'autres termes, les fonctions de préférence des agents ne dépendent pas seulement de leur consommation de biens matériels, mais aussi de leur réputation. Cependant, l'incitation des individus à respecter une convention sociale est aussi fonction de la proportion des membres de la société qui la respectent. Si le nombre de ceux qui la contournent est élevé et/ou croissant, la convention sociale disparaît car, dans ce cas, la perte de réputation associée à un comportement déviant est bien moindre. Il n'est dès lors pas d'autre solution – si sa disparition diminue le bien-être – que de la rendre explicite, en l'inscrivant dans le droit. C'est une autre façon de souligner qu'en matière de développement durable, il est préférable de compter sur des règles (explicites) citoyennes plutôt que sur l'altruisme de la clientèle et des actionnaires.

On pourrait certes rétorquer que le nombre d'entreprises qui s'engagent dans la direction d'un comportement citoyen semble croître, que les entreprises adoptent de plus en plus fréquemment des «chartes» éthiques, en même temps qu'elles cherchent à nouer de façon formelle ou non des relations suivies avec les parties prenantes non représentées. Il est deux interprétations que l'on peut donner à cette évolution, l'une qui est optimiste et l'autre qui l'est moins. La première considère qu'une convention sociale au sens d'Akerlof est en train de naître et d'acquérir rapidement la force suffisante pour transformer dans les faits les comportements. Les entreprises (et les apporteurs de capitaux) seraient en train de modifier leur «fonction objectif» et rechercheraient à la fois le profit *et* la réputation, ou pour utiliser la terminologie d'Akerlof, «les gens veulent être "riches et célèbres", l'adjonction *et célèbre* ne devant pas être considérée comme redondante[19]». Cela signifierait que les entreprises «valorisent» au moins autant leur réputation que leurs profits. Déroger au code de bonne conduite «éthique» qui serait en voie de constitution leur ferait perdre en réputation. Le renoncement au gain pécuniaire qu'implique une telle attitude est compensé par un gain non pécuniaire : la réputation attachée à un comportement qui ne cherche pas à exploiter toutes les occasions d'échanges profitables, lorsque certaines ont des effets sociaux négatifs.

L'interprétation réaliste est que la recherche de la réputation ne se substitue pas à celle du profit, mais qu'elle en est au contraire l'une des modalités. Autrement dit, le gain non pécuniaire se transformera tôt ou tard en espèces sonnantes et trébuchantes. L'entreprise cherche à maximiser son profit de long terme, et si la considération des effets de réputation conduit à réduire son profit présent, ce n'est que pour mieux augmenter son profit futur par le biais notamment de l'accroissement de sa part de marché. Il faut cependant souligner que si toutes les entreprises «investissent» dans leur réputation, il est impossible qu'elles puissent toutes ensemble augmenter leur part de marché. Si certaines le font, leur «vertu» sera récompensée par des profits supplémentaires au détriment de celles qui ne le font pas. Pourquoi donc ces dernières s'en abstiendraient-elles? La réponse est évidemment que l'horizon des marchés est généralement plus court que celui des sociétés, et que la valorisation des entreprises semble dépendre davantage de leur profit présent que de leur perspective éloignée de profit. Il est pourtant réconfortant de penser que si toutes le faisaient − même pour des motifs «égoïstes» d'accroissement des profits −, quelque chose qui ressemblerait à une entreprise du troisième type émergerait.

On perçoit ainsi comment, par la pression de la société, des associations, des fonds éthiques, etc., une convention sociale pourrait naître dont l'effet serait de partager de façon plus équitable la valeur créée par l'activité d'entreprise[20]. On comprend aussi que l'issue est incertaine tant les processus à l'œuvre sont encore complexes, les intérêts en jeu considérables, et long l'horizon temporel de constitution d'une convention.

Une seconde solution consisterait à organiser systématiquement la représentation de tous les *stakeholders* dans les conseils d'administration (là aussi par une règle explicite), plutôt que de compter sur l'émergence spontanée d'une convention sociale, même s'il est objectivement difficile de représenter les intérêts des générations présentes et futures. Mais on comprend alors que l'existence d'une pluralité d'intérêts divergents risque d'aboutir, au mieux, à une moindre réactivité de l'entreprise face aux changements de son environnement, au pire, à la paralysie de la décision.

Conclusion sur la gouvernance d'une entreprise du troisième type dans le secteur de l'électricité

En caricaturant à peine les positions en présence, on pourrait dire qu'elles se situent à l'intersection de trois « métaphysiques » : celle de l'État bienveillant, celle du marché parfait et celle de la perfection de la nature.

La gestion publique (d'un monopole naturel) est généralement supérieure à la gestion privée lorsque l'État est bienveillant. L'allocation des ressources est optimale, sans interférence étatique, lorsque le marché est parfait. Et pour les écologistes fondamentalistes (*deep ecology*), le « capital » naturel doit être conservé à tout prix.

Sur le premier point, nous avons souligné à plusieurs reprises que l'hypothèse de la bienveillance de l'État avait quelques limites dont certaines étaient au fondement même de la démocratie. En distinguant entre la politique et le politique, et en analysant les dysfonctionnements des secteurs nationaux de l'électricité dans certains pays, nous en avons déduit que les échecs de la politique avaient une structure analogue aux défaillances du marché : un horizon temporel trop court dans une activité où les considérations de long terme doivent l'emporter.

La métaphysique du marché parfait est peu crédible en général et en particulier dans le secteur de l'électricité. Il existe dans une telle activité un déterminisme technologique qui interdit de penser que son marché puisse être atomistique. Plus encore, même s'il pouvait l'être, rien ne garantirait l'absence de pouvoirs de monopole. Enfin, le secteur se caractérise par une pluralité d'externalités positives et négatives qui rendent indispensable l'intervention de l'État, au moins comme régulateur.

Sur le troisième point qui concerne l'écologie, en l'état actuel de la technique, la production d'électricité exige l'utilisation de ressources non renouvelables, dont la consommation dans le processus productif engendre des externalités négatives sous forme de pollutions diverses et variées. L'hypothèse de la conservation du capital naturel qui préside à la thèse de la « soutenabilité forte » du développement ne peut donc être maintenue. Rappelons que cette thèse est fondée sur une double exigence : le maintien du capital naturel non renouvelable, et un taux de prélèvement qui ne soit pas supérieur au taux de régénération pour les ressources renouvelables. Une forme un peu moins stricte de cette thèse consiste à souligner l'existence d'un *capital naturel critique* signifiant que l'utilisation des ressources doit s'arrêter en deçà de seuils limites. Cette thèse, si je puis dire, est un peu plus métaphysique que les autres, dans la mesure où elle érige en postulat l'exigence de la conservation de la nature en soi et pour soi, sans se préoccuper, en tout cas explicitement, de la relation entre cette exigence et le bien-être des générations présentes et futures. Certes, mettre en avant ce bien-être confère un biais anthropocentrique au raisonnement. Mais sachant que la terre a une durée d'existence finie, on ne voit pas très bien quel autre biais lui substituer. Il faut aussi en finir avec un mythe qui caractérise fréquemment les raisonnements sur le développement durable, celui de « l'exogénéité » des générations futures. Après tout, ce sont les générations présentes qui les enfantent : elles sont endogènes au sens propre du terme. Et il n'est pas évident que leur intérêt soit le mieux préservé en accroissant de façon excessive le fardeau des générations présentes[21]. Cela signifie que le souci du développement durable et notamment de l'équité intergénérationelle doit aussi être fondé sur un pari : celui que le progrès technique permettra de substituer aux ressources naturelles non renouvelables d'autres ressources naturelles encore inexploitées, ou des ressources «artificielles» manufacturées, en même temps qu'il diminuera le taux de prélèvement de ces ressources. L'investissement en recherche-développement-éducation est donc un élément majeur de toute stratégie de croissance durable. Comme les externalités en ces domaines sont fortes, l'intervention de l'État y est absolument indispensable.

Les raisons pour lesquelles une entreprise telle qu'EDF – opérant dans un secteur en charge d'un service public et dont les particularités font que la concurrence ne peut y être ni spontanée ni livrée à elle-même – doit éviter les écueils du «tout privé» ou du «tout public» apparaissent maintenant clairement.

La solution de la privatisation totale comporte de nombreux inconvénients dans un marché dont il apparaît à la fois souhaitable et probable qu'il demeure oligopolistique.

Le premier de ces inconvénients tient à la difficulté de sa régulation et aux conséquences majeures sur le bien-être des populations et sur l'activité économique que peuvent avoir des erreurs de régulation. Nous avons suffisamment insisté sur ce point pour ne pas y revenir. Cette complexité est accrue dans le contexte européen caractérisé par une multiplicité de régulateurs nationaux coordonnés a minima.

Le deuxième vient de ce que les imperfections de la régulation conjuguées à l'incomplétude des contrats rendent peu probable une véritable prise en compte des intérêts de toutes les parties prenantes. On peut espérer qu'à terme, à (très ?) long terme, une convention sociale éthique émergera, mais pour l'instant il est préférable de compter sur la main plus visible des pouvoirs publics.

Le troisième est que nous ne disposons pas de modèles, y compris théoriques, permettant d'assurer que le long terme, et les investissements qui lui sont liés, soit préservé.

Le « tout public » se heurte pareillement à de nombreuses objections et à quelques impossibilités. La bienveillance de l'État étant limitée, cela peut conduire à certaines incohérences et à un accroissement des charges pesant sur le contribuable. Des préoccupations de court terme, du type de celles qui caractérisent le cycle politico-économique, peuvent aussi faire peser sur l'entreprise des charges indues et mettre à rude épreuve son efficacité et sa gestion. On pourrait cependant répondre à ces objections en soulignant que le « tout public », s'agissant de l'électricité, semble jusqu'à présent avoir fonctionné de façon plutôt satisfaisante. Cela est vrai, mais concerne un passé révolu où d'autres règles régissaient le secteur. EDF était elle-même le secteur et avait toute la charge du service public de l'électricité. Elle ne l'est plus aujourd'hui et surtout ne sera plus demain qu'une entreprise sur un marché concurrentiel. Ce qui hier était sans grandes conséquences (la possibilité de charges indues pesant sur sa gestion) pourrait demain, en réduisant la compétitivité de l'entreprise, empêcher son développement ou même contribuer à son déclin. EDF ne pourra plus être comme par le passé l'instrument d'une politique industrielle ou de redistribution. Le secteur pourra le demeurer par la médiation de régulations imposées à l'ensemble des entreprises, quelle que soit la nature de leur capital. La construction européenne impose ainsi aux grandes entreprises du secteur d'être européennes, au sens où il leur faut déployer leurs activités sur l'ensemble du territoire européen. Ainsi, l'émergence d'un marché unique de l'électricité à l'échelle européenne et d'une concurrence mondiale ne se conjugue pas aisément avec l'existence d'une entreprise publique nationale opérant sur ces marchés, et en concurrence sur son propre marché. En bref, le développement de l'entreprise, à la fois en périmètre et en efficacité, risque d'être bridé par la nature de la propriété de son capital.

Chacune de ces deux solutions apparaît ainsi insatisfaisante, mais il se pourrait que leur combinaison permette d'additionner leurs avantages tout en réduisant leurs inconvénients. La participation d'apporteurs privés de capitaux à la gestion de l'entreprise est en quelque sorte une façon de «forcer» la bienveillance de l'État. Les décisions sont alors prises au sein du conseil d'administration en toute transparence et ne peuvent par conséquent servir la politique au sens où nous l'avons définie. Les décisions d'investissement ou de tarification, par exemple, ne pourront plus aussi facilement suivre un calendrier électoral, puisqu'elles devront être motivées de façon explicite sur la base de l'intérêt de l'entreprise et de ses missions. La rigueur de gestion attachée, à tort ou à raison, au fonctionnement de l'entreprise privée se verrait accrue. On pourrait même imaginer que le résultat de Sappington et Stiglitz auquel nous nous sommes référé plus haut puisse être conservé, mais sous une forme différente : la gestion mixte (par un gestionnaire «contraint» d'être bien-veillant) dominerait à la fois la gestion privée et la gestion publique.

Symétriquement, la participation de l'État à la gestion d'une entreprise devrait permettre l'internalisation des intérêts de l'ensemble des *stakeholders*, sans conduire à une paralysie de la décision au sein des conseils d'administration. Elle permettrait aussi, en toute transparence toujours, de mieux assurer l'entreprise et ses missions de service public contre les défaillances éventuelles de la régulation.

Dans le contexte européen, cette participation de l'État ne comporte pas certains des inconvénients que ses adversaires mettent en avant : distorsions de concurrence et/ou utilisation de l'entreprise à d'autres fins, au détriment de ses actionnaires privés. En effet, nous l'avons abondamment souligné, le droit de la concurrence est placé sous tutelle européenne, et les actionnaires d'une entreprise, qu'ils soient publics ou privés, sont responsables de son application. Dans un tel contexte, la transparence est considérablement accrue, un État-nation étant comptable de ses décisions en tant qu'actionnaire public à la fois vis-à-vis des actionnaires privés de l'entreprise et vis-à-vis des autorités européennes.

Dans cette approche, ce qui légitime la présence de l'État dans le capital de l'entreprise est, d'une part, le souci de développement durable et ses conséquences en termes de représentation des parties concernées et, d'autre part, l'insuffisance de la régulation dont on a vu qu'elle concernait l'ensemble des expériences d'ouverture du secteur de l'électricité. Lorsqu'un régulateur européen émergera, doté des « bonnes » caractéristiques que nous avons énumérées pour assurer un fonctionnement satisfaisant du secteur, et que les politiques européennes de protection de l'environnement (au sens large) et d'indépendance énergétique deviendront à la fois cohérentes et harmonisées, la question de la participation de l'État pourra être à nouveau débattue.

Appendice : le secteur des télécommunications constitue-t-il un exemple d'échec d'une entreprise du troisième type ?

France-Télécom est une entreprise à capitaux mixtes, dont la participation de l'État au terme de la troisième tranche d'ouverture du capital en décembre 2000 se chiffrait à 55,53 %. En raison de la structure de son actionnariat, elle remplit l'une des conditions qui définissent l'entreprise du troisième type. Elle est aussi une entreprise qui opère dans un secteur concurrentiel en charge d'un service public.

Il est dès lors aisé de l'invoquer en contre-exemple d'entreprise du troisième type, en raison de la situation difficile dans laquelle elle se trouve et, notamment, de son endettement considérable. Mais la question se pose en des termes beaucoup plus complexes, car les problèmes actuels de l'entreprise doivent très peu à son statut, beaucoup à la bulle financière qui a caractérisé le secteur des télécommunications, et beaucoup également à des engagements non couverts pris sur la valorisation des titres France-Télécom et qu'aucune contrainte juridique n'imposait.

Certes la bulle des nouvelles technologies de l'information et de la communication n'a épargné aucun opérateur de téléphonie. Et il est très facile de critiquer a posteriori une gestion alors que le monde entier, acteurs publics et privés confondus, réalisait les mêmes erreurs. Car l'existence d'une bulle a pour conséquence que les stratégies de croissance externe, quelles que soient leurs modalités de financement, sont vouées à l'échec (l'exemple de Vivendi Universal en fournit une illustration). En temps «normal», une stratégie de croissance externe conduit rationnellement à surpayer les entreprises acquises, car l'augmentation de la part de marché d'une entreprise lui permet d'accroître son pouvoir de monopole et avec lui la rente qui lui est associée. Mais en période d'«exubérance irrationnelle», la course à la puissance est vouée à l'échec : pour y participer, il faut sans cesse surenchérir, si bien que la survaleur payée pour les acquisitions devient vite sans rapport avec la rente que l'on peut en espérer.

Au moment où la bulle explose, la perte est consommée, quel qu'ait été le mode de financement des acquisitions : dette, émission de nouvelles actions ou échange d'actions. Le mode de financement influe sur la répartition des pertes, qui ne pèsent que sur les actionnaires initiaux de l'entreprise en cas d'endettement, et sur l'ensemble des actionnaires anciens et nouveaux dans les autres cas. Il est cependant vrai que la forte détérioration du «ratio dettes sur fonds propres» dans le premier cas fait, de surcroît, encourir à l'entreprise un risque d'insolvabilité dont les conséquences pourraient en théorie aller jusqu'à la faillite. (Après tout, la responsabilité des créanciers est aussi engagée, puisque eux-mêmes, emportés par la bulle, n'ont pas appliqué à

l'examen du dossier la prudence et l'intelligence nécessaires.) Mais la perte d'actif net est dans tous les cas
équivalente.

Aussi l'intérêt d'une acquisition en titres est-il d'éviter ce risque pour ne pas accroître la dette. Il n'empêche
qu'une telle acquisition devrait être examinée avec
autant d'attention que si elle était financée par
emprunt. Car si la rentabilité de l'opération s'avère nettement inférieure à celle qui avait été anticipée, l'investissement devra faire l'objet d'une dépréciation par
provision dont l'effet sera de réduire les capitaux
propres et d'élever les ratios de dettes.

De surcroît, les difficultés financières de France-
Télécom viennent aussi, notamment, d'options de
vente que l'entreprise a consenties sur ses propres
actions remises en paiement d'opérations de croissance
externe.

Que peut-on en conclure?

1. La difficulté pour l'entreprise de céder une partie
de ses actions en paiement d'acquisition n'a joué que
marginalement dans la détérioration de sa situation.
D'ailleurs, même lorsque cela fut possible, les échanges
d'actions se sont accompagnés d'engagements hors
bilan qui, lorsque la valorisation boursière de l'entreprise s'est effondrée, ne pouvaient que conduire à un
net accroissement de son endettement. On notera aussi
que l'entreprise aurait pu faire de cette difficulté un
atout, car ce qui est en cause ce n'est pas le mode de
financement, mais le caractère excessif des survaleurs
payées dans le cadre de sa stratégie de croissance externe. La contrainte de passer par l'endettement aurait dû
conduire à plus de précaution, ce qui aurait permis
d'éviter certaines des opérations qui furent préjudi-

ciables à l'entreprise. Il est important de souligner au demeurant que même pour une entreprise totalement privée le recours à l'endettement plutôt qu'à l'échange d'actions peut s'avérer optimal lorsque le taux d'intérêt est suffisamment bas et que les marchés financiers ne sont pas pris dans une bulle financière. Mais il va de soi que le choix d'un mode de financement implique une étude sérieuse du dossier et des perspectives de valorisation à long terme.

2. La structure du capital n'est pas le seul signe distinctif d'une entreprise du troisième type au sens où nous l'avons définie. Après tout, les administrateurs d'une entreprise, qu'ils soient représentants de l'État ou d'actionnaires privés, peuvent être ensemble prisonniers d'un climat d'«exubérance irrationnelle». L'exemple des licences UMTS est là pour en témoigner. Chacun a sincèrement cru en la promesse d'un eldorado économique. Lorsqu'une bulle se forme et que le seul objectif de l'entreprise est le profit, il est très difficile d'y échapper. Les autres signes distinctifs d'une entreprise du troisième type, au-delà d'une rémunération convenable de ses actionnaires, sont, d'une part, une vision de long terme, et d'autre part, la recherche de l'intérêt général, en particulier celui des principales parties prenantes non représentées. Or ces traits distinctifs n'ont certainement pas présidé à la gestion de France-Télécom. L'actionnaire public en effet s'est comporté en actionnaire privé, oubliant les autres intérêts dont il avait la charge, et recherchant, par une gestion spéculative, des gains d'aubaine, fût-ce pour desserrer à court terme la contrainte budgétaire de l'État. Si, au contraire, il avait fait prévaloir une vision de long terme, la situation de l'entreprise eût été aujourd'hui très probablement différente. Aussi,

ce que prouve l'exemple de France-Télécom est exactement l'inverse de ce que l'on en a déduit superficiellement : un comportement d'entreprise du troisième type aurait contribué à éviter bien des déboires. À la décharge de l'actionnaire public, on pourrait invoquer le fait que la caractéristique de bien primaire du téléphone semble – à tort ou à raison – moins évidente que celle de l'électricité, favorisant par ce biais un comportement privé des acteurs publics. Une preuve en est qu'aujourd'hui encore, la téléphonie mobile n'est pas accessible sur l'ensemble du territoire. La dimension de service public semble ainsi avoir été transitoirement oubliée, transitoirement puisqu'on cherche aujourd'hui à remédier à cet état de fait.

3. Une entreprise ne peut être vraiment du troisième type que si son mode de gouvernance est lui-même du troisième type. La structure du capital n'y suffit pas, encore faut-il que son conseil d'administration se conforme aux objectifs explicites que ses actionnaires auront définis. En ces temps de remise en cause généralisée des modes de gouvernance mis en place dans les années 1990 – dans le secteur privé, comme dans le secteur public ou mixte –, le concept d'entreprise du troisième type fournit l'occasion de réfléchir à une réforme du mode d'administration des entreprises contrôlées partiellement par l'État (nous le verrons plus en détail dans le dernier chapitre de ce rapport). Après tout, EDF aurait pu aussi se lancer, indépendamment de son statut, dans des activités nouvelles survalorisées, telles que celles de *trader* (Enron, Dynergy) ou de *merchant plant* (Calpine), dont les anticipations de croissance par le marché étaient de 50 % l'an sur cinq années. Quelle que soit la manière dont elle aurait assu-

ré le financement de ces activités, elle se serait trouvée aujourd'hui dans une situation financière sérieusement dégradée.

Notes

1. Commission mondiale pour l'environnement et le développement, Rapport Brundtland, *Notre avenir à tous*, Montréal, Fleuve, 1987, p. 51.

2. Comment concilier l'absence de régulateur européen, l'indépendance énergétique et le développement durable? Doit-on laisser à chaque autorité nationale le soin de définir le service public et ses modalités concrètes? En ce cas, n'existe-il pas un risque de concurrence par le bas, les États ne voulant pas charger les contribuables, concurrence fiscale oblige, ni les entreprises, pour des raisons de compétitivité? La dimension de service public, comme celle de développement durable, ont un contenu redistributif important, que l'idéologie du libéralisme réprouve.

3. Il s'agit de prendre en compte, ici, les autres intérêts que peuvent avoir les citoyens – indépendamment de leur qualité d'usagers des services publics : environnement, aménagement du territoire, emploi et vie des collectivités territoriales, etc. L'expression «société civile» pourrait aussi convenir.

4. K. Arrow, «Effet de serre et actualisation», *Revue de l'énergie*, octobre 1995.

5. J.-J. Laffont et J. Tirole, «Privatisation et efficacité économique». Mimeo de l'IDEI., février 1998.

6. «Privatization, Information and Incentives», *Journal of Policy, Analysis and Management*, 6, 1987, p. 567-582.

7. Cf. J.-J. Laffont et J. Tirole, «Privatization and incentives», *Journal of Law, Economics and Organization*, 7, 1991, p. 84-105.

8. J.-J. Laffont, «Industrial policy and politics», *International Journal of Industrial Organization*, 14, 1996, p. 1-10.

9. Cf. notamment J.-J. Laffont et J. Tirole, «Privatisation et efficacité économique», art. cit.

10. Dan Usher, *The Economic Prerequisites of Democracy*, Columbia University Press, 1981.

11. *Ibid.*

12. J.-L. Coles et P.-J. Hammond, «Walrasian equilibrium without survival : existence efficiency and remedial policy», *in* K. Basu *et alii, Choice, Welfare and Development. Essays in Honor of A. Sen*, Oxford University Press, 1993.

13. «A Survey of Corporate Governance», *Journal of Finance*, juin 1997.

14. Cf. J.-J. Laffont, D. Martimort, J. Ticole, «Réflexions économiques sur la responsabilité sociale des enterprises», Mimeo de l'IDEI, avril 2002.

15. Après tout, des agences de notations sociale et environnementale pourraient voir le jour plus tôt que prévu. Certaines sont d'ailleurs en voie

de constitution alors que de nombreuses associations jouent (partiellement) déjà un tel rôle.

16. J.-J. Laffont, D. Martimort, J. Tirole, « Réflexions économiques sur la responsabilité sociale des entreprises ». art. cit.

17. « A Theory of Social Custom of Which Unemployment May be One Consequence », *The Quaterly Journal of Economics*, vol. 94,1980, p. 749-775.

18. L'actualité récente en fournit quelques exemples : Totalfina-Elf, Nike, Dannone, etc. Quant à savoir si ces exemples de stigmatisation ont affecté la gestion des entreprises dans le sens souhaité, c'est une autre histoire.

19. Akerlof, *op. cit.*

20. Le modèle proposé par Akerlof permet de comprendre pourquoi les entreprises n'exploitent pas systématiquement les situations où les salariés sont en position de faiblesse. Il ne me semble pas impossible – bien que je ne l'aie pas encore tenté – de modifier le modèle pour en étendre la conclusion à l'ensemble des *stakekholders*.

21. Il existe par exemple une relation évidente entre conditions matérielles de vie des parents et éducation des enfants; en particulier, le chômage des parents n'est pas de bon augure pour l'éducation des enfants. Si une interprétation trop fondamentaliste du développement durable conduisait à interdire certaines activités ou à fermer certaines usines – aggravant le chômage des parents –, il n'est pas évident que le bien-être des générations futures en serait accru.

CHAPITRE 5

L'avenir d'EDF

LES CHOIX POSÉS À EDF EN TERMES DE MODÈLES D'ACTIVITÉ

Les avantages comparatifs historiques d'EDF

Jusqu'à la fin des années 1990, EDF a été l'un des acteurs les plus performants d'Europe et des États-Unis sur l'ensemble de ses métiers. En effet, l'entreprise a assuré à son propriétaire une rémunération correcte de ses capitaux, redistribué ses gains de productivité à l'ensemble de ses clients (industriels et domestiques), en pratiquant des tarifs qui ont longtemps été parmi les plus bas d'Europe, et exporté de l'électricité à des prix compétitifs couvrant ses coûts de développement.

L'essentiel de l'avantage historique comparatif d'EDF est de nature industrielle au niveau de la production d'électricité. L'ingénierie de parc – qui inclut la fonction d'ensemblier et la maintenance lourde des centrales, et s'appuie sur une recherche-développement performante – constitue une originalité forte d'EDF comparée aux électriciens américains ou allemands qui ont délégué cette tâche aux équipementiers (Siemens, General Electric, Westinghouse...). De ce fait, EDF a obtenu des coûts d'investissements et des coûts d'exploitation plus faibles que ses homologues européens et américains. Elle a su, d'autre part, développer une gestion intégrée intelligente d'un parc complexe de production d'énergie nucléaire-hydraulique-thermique classique, intégrant à la fois une composante industrielle forte (exploitation «courante», toutes centrales confondues) et une composante de *trading* (valorisation des exportations).

En matière de coûts des réseaux et de qualité physique du kilowatt-heure, EDF soutient fort honorablement la comparaison avec ses homologues allemands, américains et anglais. Les engagements de qualité des services auprès de la clientèle, développés dans les années 1990, sont aussi dans la bonne moyenne européenne.

Par ailleurs, son expérience dans le conseil énergétique auprès des clients industriels relativement à l'utilisation de leurs process industriels (chimie, métallurgie...) lui a permis d'acquérir une vraie compétence dont la qualité semble reconnue.

Mais les avantages comparatifs d'EDF ne sont pas statiques, comme l'a montré sa capacité à s'adapter successivement dans l'hydraulique et le nucléaire. Il est essentiel de préserver cette capacité d'adaptation, fondée sur une dynamique des compétences qui permet, à partir d'une compétence déjà acquise, d'en acquérir de nouvelles dans d'autres métiers, comme dans d'autres produits. Car les entreprises qui innovent sont avant tout celles qui disposent d'une base de connaissances et de compétences suffisamment importante et cohérente.

Cette base de connaissances et de compétences dépend de la gamme des produits et services proposés et de la gamme des différentes technologies maîtrisées. Or, de ce point de vue, les monopoles verticalement intégrés à la manière d'EDF sont efficaces : ils disposent de ces bases de connaissances et de compétences qui s'élargissent d'elles-mêmes grâce à des mécanismes d'apprentissage par la pratique ou par l'usage et qui, ce faisant, déterminent des gains de performance largement indépendants du mode de fixation des prix.

La situation aujourd'hui est cependant plus préoccupante : depuis quelques années (depuis dix ans en Angleterre, qui partait d'un très mauvais niveau de productivité par rapport aux autres pays industrialisés), la concurrence a poussé les électriciens européens et américains à diminuer fortement leurs coûts d'exploitation dans tous les métiers… alors qu'EDF-France, une fois rattrapée, n'a pas suivi cette tendance. Si ces évolutions devaient se poursuivre, la compétitivité d'EDF dans les années à venir en serait significativement affectée. Jusqu'à une période récente, l'avantage que procurait le nucléaire, en termes de coûts de production, rendait moins urgente la recherche de gains de productivité. Il semble à présent, en raison même des efforts consentis par les autres électriciens, que cette période soit révolue.

Vers un « groupe international industriel intégré »

Compte tenu des besoins du secteur électrique en Europe et dans le reste du monde, EDF dispose d'atouts capitalisables sur le long terme (sachant que les coûts de production devraient continuer à constituer la partie la plus importante du coût total – donc du prix

— du kilowatt-heure) et ce, d'autant plus que sa stratégie s'orientera davantage vers la recherche de gains de productivité. Toute son aptitude à maîtriser des coûts d'investissement-exploitation de la production, aujourd'hui très «nucléarisée», pourrait être à l'avenir (comme hier dans les années 1960) transposée à d'autres types de centrales (charbon par exemple : centrales charbon «propre» avec éventuellement captation du carbone) exigeant autant de compétences industrielles lourdes. Ensuite, la maîtrise d'une production intégrant de plus en plus de contraintes environnementales pourrait lui permettre d'être présente sur des marchés importants en Europe, mais aussi en Asie, Amérique latine et États-Unis.

Elle pourrait également exploiter hors d'Europe son expérience de gestionnaire d'énergie dans un parc diversifié étendu à plusieurs pays européens. Enfin, l'utilisation conjointe des qualités d'EDF comme «acteur industriel» et en matière d'expertise des process industriels est hautement valorisable dans des services complémentaires «lourds» chez les clients finals industriels.

Il serait donc souhaitable qu'EDF ne soit plus cantonnée dans une spécialité mais puisse évoluer vers une entreprise multiservices. Sur ce point, une autre justification de l'ouverture des marchés, moins fréquemment avancée, consiste à considérer la situation de monopole comme un obstacle direct à la mise en œuvre de stratégies d'innovation, orientées notamment vers la création de nouveaux produits ou services. L'exemple emblématique en est, sans doute, celui des télécommunications. Originellement, ce secteur était dominé, au niveau des opérateurs, par des monopoles, soit intégrés verticalement avec les équipementiers, soit liés à eux par de fortes contraintes verticales. Si un tel arrangement organisationnel a pu garantir une forte activité d'innovation de processus, il a pu aussi apparaître comme un obstacle au développement des innovations de produits (services). Dans ce sens, la déréglementation a eu un double impact : en organisant la concurrence entre opérateurs, elle a rendu crédible l'entrée de nouvelles firmes en amont, vouées à produire de nouveaux types d'équipements, et dont les investissements se justifiaient par l'ouverture d'un marché suffisamment large ; en garantissant la viabilité des nouveaux offreurs, elle permettait simultanément l'entrée en aval de nouveaux opérateurs ayant accès directement à de nouvelles bases de connaissances. En d'autres termes, l'introduction de la concurrence a été le vecteur de la découverte d'une information de marché qui a produit une meilleure coordination des investissements, et favorisé l'innovation. L'importance de ces effets favorables ne se mesure pas à l'éventuelle réduction de l'écart avec une structure virtuelle de concurrence parfaite, mais au fait qu'un arrangement a été trouvé qui garantit une meilleure coordination des investissements, concurrents et complémentaires. Avec une répercussion visible sur les prix qui permet aux firmes et à leurs clients de tirer parti des innovations. Cependant, cet exemple n'a pas valeur générale. Il ne semble pas, en particulier, que le secteur de l'électricité soit confronté à un problème de blocage de l'innovation de produits et services, sauf à entrevoir un décloisonnement de l'industrie elle-même, une redéfinition de ses frontières, par-delà l'ouverture du marché. C'est en tout cas une piste à explorer dans la mesure où les nouveaux services restent à la fois complémentaires et liés par des synergies aux précédents services.

Politique d'investissement et mix énergétique

La situation d'EDF aujourd'hui est particulièrement complexe et source d'interrogations : elle doit gérer simultanément la contrainte de la surcapacité[1] d'un parc nucléaire largement dimensionné et la promotion obligée des énergies renouvelables et de la cogénération, entre autres. Sa politique d'investissement est donc surdéterminée pour les dix prochaines années. Le scénario tendanciel est celui d'un surcoût en augmentation compte tenu de l'éolien, de la cogénération, de la construction de turbines à combustion pour la pointe, autant de techniques qui interviennent avec une ampleur trop importante et une échéance trop courte. Cette augmentation inutile de capacités va avoir un impact négatif sur le prix des marchés de gros et, de fait, sur la rentabilité d'EDF, dont la capacité d'investissement amoindrie réduit les possibilités de préparation du futur. Cette situation constitue un handicap pour EDF mais également pour la génération future de centrales dont les choix seront plus contraints, une situation à laquelle l'Allemagne – qui doit gérer le renouvellement de son parc charbon dans un contexte de préoccupations environnementales croissantes – devrait logiquement et rapidement être confrontée.

Pourtant, aucune des questions sur la nature et le niveau du parc ne trouve de réponse – voire n'est posée publiquement... La prise de conscience de ce paradoxe en France, comme dans d'autres pays européens, devrait conduire à un certain nombre d'évolutions.

Des signes de ces évolutions semblent voir le jour concernant les énergies renouvelables (ENR), le Danemark ayant décidé de réduire les subventions accordées à la production d'électricité éolienne.

Les décisions actuellement prises dans le domaine de l'électricité relèvent de logiques de court terme, ce qui est pour le moins contradictoire avec l'horizon de long terme du secteur. Si l'on cumule l'hypothèse de surdétermination de la politique d'investissements d'EDF d'une part, et celle de l'allongement de la durée de vie de ses centrales pour des questions de rentabilité d'autre part, la question consiste alors à savoir ce que peut être ou représenter l'entreprise sans nucléaire dans le long terme.

Il convient donc de s'interroger sur le futur possible d'une technologie et d'un parc pour lesquels EDF a consacré depuis de longues années des moyens financiers et humains importants. La réponse à cette question appartient aux politiques publiques, qui ont sur le devenir du secteur et par conséquent de l'entreprise une responsabilité considérable.

Nous avons déjà dit pourquoi, dans une optique de développement durable et de service public, l'utilisation de l'énergie nucléaire pourrait donner lieu à un quadruple dividende, à condition que certaines questions techniques soient résolues.

Pourtant, si le développement de l'électricité d'origine nucléaire a connu quelque succès dans les années 1960 à 1980, il semble désormais marquer le pas. Alors que la production d'électricité dans le monde continue de croître significativement et régulièrement, celle d'origine nucléaire ne se dote que de quelques réacteurs supplémentaires, et, dans le même temps, certains pays semblent (ou prétendent) l'abandonner. L'avenir du nucléaire civil au-delà des parcs existants est donc une question importante, mais qui ne peut être étudiée indépendamment des perspectives énergétiques à long terme et des politiques d'indépendance énergétique de l'Europe. C'est la raison pour laquelle nous lui consacrerons plus loin un développement séparé.

Le transport : un modèle d'activité à conserver pour l'internationaliser ?

La loi de février 2000 a créé un réseau de transport d'électricité (RTE) au sein d'EDF, indépendant du point de vue de la gestion, avec des comptes constitués tout comme s'il s'agissait d'une entreprise distincte... mais sans personnalité morale. Force est de constater que cette « novation juridique » n'est pas sans effets secondaires. Elle a conduit à la mise en place de schémas institutionnels complexes, tant dans les organes externes qu'internes de gouvernance de l'entreprise. La complexité n'est pas un problème en soi, mais elle ne favorise pas la sécurité juridique (risques d'invalidation de décisions du conseil d'administration, par exemple). Elle représente aussi un obstacle à la mise en place de relations d'indépendance entre EDF et le gestionnaire du réseau de transport (RTE), la situation actuelle laissant toujours planer un soupçon d'ingérence d'EDF sur la gestion de l'accès au réseau.

L'absence actuelle de séparation juridique, alors que le RTE est, de fait, séparé et indépendant, aboutit aux difficultés que nous venons d'évoquer. La séparation juridique aurait aussi pour mérite de faire coïncider le fait et le droit et constituerait un gage de transparence contribuant à une image positive de l'entreprise. Cette évolution semble donc inévitable, même si elle accroît significativement les problèmes de coordination, et si elle risque de conduire à des inefficacités économiques en raison des difficultés de tarification du transport. D'un autre côté, le groupe EDF pourrait cependant avoir intérêt à conserver cette activité si, acteur doté aujourd'hui d'actifs industriels et humains performants, le RTE était appelé à être demain un acteur industriel international (comme l'est National Grid Company) dans les pays en développement, en Europe ou aux États-Unis. Une telle possibilité aurait les faveurs du personnel de l'entreprise, même si la perspective de la séparation est envisagée aujourd'hui avec plus de sérénité. Elle permettrait aussi de continuer à bénéficier des synergies techniques et organisationnelles existantes et elle aurait enfin des avantages patrimoniaux évidents pour l'entreprise. Mais la dépendance entre EDF et le RTE ne pourrait que faire croître la suspicion des autorités européennes vis-à-vis des comportements concurrentiels de l'entreprise et de la France. Il n'empêche que le coût des inefficacités économiques et techniques de la séparation n'est pas négligeable et que des raisons formelles liées à l'amélioration de l'image d'EDF ne suffiraient pas à le justifier. Car une bonne régulation, supervisée par une autorité indépendante, devrait permettre d'éviter (et de sanctionner) les comportements faisant obstacle à la concurrence, même si le RTE devait demeurer une filiale d'EDF. La seule vraie justification d'une séparation repose sur l'idée qu'elle représenterait un premier pas vers la constitution d'un réseau de transport européen.

*La gestion des réseaux de distribution : EDF peut-elle
et devrait-elle conserver tout ou partie de cette activité?*

La question est évidemment d'importance d'autant qu'elle n'est pas sans relation avec celle de l'intégration horizontale entre EDF et GDF. Comme l'optique de ce livre est celle de l'intérêt général, et qu'il convient donc de distinguer celui de l'entreprise et celui du service public, elle fera l'objet dans la section suivante d'un développement séparé.

Modèles d'activité alternatifs

Les autres modèles d'activité – *hit, hit and run,* ou celui de l'entreprise virtuelle – ne sont pas vraiment compatibles avec une stratégie d'«acteur industriel intégré».

Le modèle *hit* (suivi par Dynegy) est celui d'une entreprise adossée à des actifs industriels, notamment de production, et cherchant à se placer sur des niches créées par l'incohérence et l'opacité de certaines règles. Les profits en sont généralement élevés, mais risqués et peu durables, et c'est la raison pour laquelle une meilleure stratégie consiste à se retirer au moment opportun de l'activité en revendant les actifs industriels. D'où le nom du second modèle d'activité, *hit and run*. Le troisième modèle est celui de l'entreprise virtuelle, sorte d'intermédiaire, sans engagement financier important, entre clients et acteurs industriels. Enron, qui fut d'abord une entreprise *hit and run*, est emblématique de ce troisième modèle.

Il semble évident que, pour l'instant en tout cas, EDF ne dispose d'aucun avantage comparatif dans l'un ou l'autre de ces modèles d'activité. Mais même si c'était le cas, elle n'aurait aucun intérêt à adopter un comportement opportuniste, en contradiction avec son statut d'entreprise du troisième type. Bien au contraire, EDF devrait mettre toute sa compétence au service d'une bonne régulation à l'échelle européenne.

ORGANISATION DE LA DISTRIBUTION : DES OPTIONS CONTRASTÉES DU POINT DE VUE DE L'INTÉRÊT GÉNÉRAL

La fonction du réseau de distribution d'électricité est essentielle en ce qu'elle permet d'acheminer le kilowatt-heure au client. Elle se différencie radicalement de la commercialisation (c'est-à-dire la vente de la fourniture) car elle relève du monopole naturel. Depuis 1946, EDF exerce les deux fonctions en tant que concessionnaire exclusif et opérateur du monopole de vente de l'électricité. Le sommet de Barcelone de juin 2002 a décidé que, dès 2004, le marché serait ouvert à la concurrence pour l'ensemble des clients industriels et professionnels : cette décision implique une restructuration de chacune des deux activités (l'une restant régulée, l'autre devenant concurrentielle) et une modification de l'organisation du réseau de distribution lui-même.

La séparation, comptable ou organisationnelle, des activités de distribution, régulées, de celles de commercialisation, dérégulées, est consubstantielle à la libéralisation dont l'objectif ultime est la mise en concurrence de l'offre d'électricité au client final. En revanche, les modalités de la réorganisation des activités de réseaux font l'objet de débats. Les décisions qui devront être prises ne seront neutres ni pour EDF, ni pour les consommateurs. Dans leur évaluation, l'intérêt général doit l'emporter sur celui de l'entreprise, sauf à démontrer que les deux coïncident. Pour l'instant, EDF fait partie du patrimoine de la nation, et toute décision qui mettrait en péril l'entreprise, parce qu'elle reviendrait à dévaloriser les investissements consentis par la collectivité depuis 1946, ne servirait pas l'intérêt général. Il est ainsi extrêmement complexe de faire le départ entre les deux catégories d'intérêts, les corporatismes étant passés maîtres dans l'art d'invoquer l'intérêt général pour légitimer le leur propre. Pourtant, une telle grille d'interprétation, si elle est utilisée sans excessive naïveté, peut être utile.

L'observation d'autres pays, comme celle de l'expérience d'autres industries de réseau, révèle que plusieurs modèles d'organisation de la distribution sont possibles. Nous tenterons d'abord de distinguer entre ces modèles en suivant le critère de l'intérêt général. Nous essayerons ensuite d'évaluer la question de l'intégration verticale de l'activité de distribution sur des critères d'efficacité. Enfin, en utilisant l'un et l'autre de ces critères, nous tenterons d'éclairer la difficile question de l'intégration horizontale tant en amont qu'en aval entre gaz et électricité.

Organisation de la distribution et intérêt général

Les activités de distribution recouvrent deux fonctions distinctes. Une fonction de gestionnaire-investisseur en charge du développement du réseau, de sa maintenance, des relations avec les collectivités locales et des discussions avec le régulateur sur les tarifs d'acheminement. Le gestionnaire-investisseur définit la politique commerciale de services aux clients des réseaux et supervise sa mise en œuvre par les opérateurs. La seconde fonction, celle d'opérateur de réseau, consiste en l'exploitation du réseau.

Ces deux fonctions peuvent être exercées, ensemble ou séparément, et être plus ou moins décentralisées ; le degré de décentralisation lui-même pouvant être pensé avec l'optimisation technique. Le critère de qualité de la fourniture est, en effet, essentiel dans les responsabilités techniques attribuées aux distributeurs, les transporteurs ayant quant à eux la charge de la sûreté du système.

Concernant l'échelle géographique, elle peut être nationale, comme c'est le cas pour EDF, concessionnaire exclusif, même si dans les faits, la maille technique gérée par EDF est locale, parfois départementale. Elle peut être régionale, comme en Grande-Bretagne, où l'organisation historique en treize régions a été conservée après la libéralisation. Elle peut enfin être locale, comme c'est le cas en Allemagne ou dans l'industrie de l'eau en France, chaque collectivité concédant l'exploitation de son réseau à un opérateur, avec des modalités et un partage des responsabilités variables.

On peut par conséquent distinguer trois modèles d'architecture de la distribution : complètement centralisé ; complètement décentralisée ; faisant correspondre le découpage géographique aux exigences de l'optimisation technique.

1. Le modèle centralisé

Ce modèle suppose l'existence d'un opérateur industriel national comme dans le schéma défini par la loi de 1946, avec deux options selon qu'il est ou non intégré dans EDF.

L'option de l'intégration semble délicate, en raison des barrières à l'entrée qu'elle peut permettre d'ériger sur le marché, même si, a priori, elle pourrait permettre une meilleure exploitation des économies d'échelle. Parce que EDF souhaite demeurer un acteur de la commercialisation, la suspicion d'une capture à son profit de ces gains d'efficacité (au moins en partie) est légitime.

La seconde option, celle de la création d'un opérateur autonome, au moins du point de vue comptable et organisationnel, va à l'encontre d'une demande sociale croissante de décentralisation des fonctions relevant directement de préoccupations locales.

Pour EDF enfin, si la première option présente un intérêt évident, la seconde comporte le risque majeur d'une rupture de ses relations avec les collectivités locales. Le lien que le monopole public avait contribué à établir entre intérêt général et préoccupations locales serait dissous, et avec lui, un élément essentiel de l'identité d'EDF. La perte de valeur qui s'ensuivrait ne servirait pas l'intérêt général.

2. Le modèle de l'eau

Dans ce modèle, le réseau est organisé sur des bases exclusivement locales, son exploitation étant concédée par la collectivité à l'opérateur industriel de son choix. Adapté à la distribution de l'eau, il ne semble pas l'être, pour des raisons techniques, à celle de l'électricité. En effet, l'existence de rendements d'échelle croissants ainsi que la nécessité d'assurer une multiplication des usages font que la maille technique et géographique pertinente dépasse le périmètre actuel de la plupart des collectivités. Il en résulterait une perte d'efficacité du système.

Les modalités de délégation par les collectivités des deux fonctions (gestionnaire et opérateur de réseau) posent également problème. Certes les collectivités de grande taille disposent, ou pourront disposer, des services techniques leur permettant d'internaliser l'une ou l'autre de ces fonctions. Mais en revanche, pour les autres, il sera nécessaire de les déléguer, ensemble ou séparément. Une procédure de délégation par mise aux enchères est peu souhaitable pour deux raisons : d'une part, l'impossibilité d'établir des contrats complets (la difficulté peut toutefois être réduite, mais à des coûts très incertains, par des mécanismes plus ou moins sophistiqués de révision périodique) ; d'autre part, le phénomène dit de la « malédiction du vainqueur », l'entreprise emportant les enchères à un prix trop élevé comporte en effet un risque de défaillance. Une autre modalité pourrait être celle d'appels d'offres avec cahiers des charges, mais elle se heurte aux mêmes difficultés que la précédente. C'est pourquoi la délégation à un opérateur mixte (administré conjointement par la collectivité et un opérateur industriel), sans mise en concurrence, pourrait être préférable. Il reste que quelles qu'en soient les modalités, les dispositifs à mettre en place pour réguler ces activités de monopole naturel dans une maille aussi décentralisée se heurtent à des écueils tant financiers (coût de la régulation du fait du nombre important d'acteurs à contrôler) qu'économiques (identification des mécanismes de « concurrence comparative » afin de disposer d'indicateurs raisonnables d'évaluation de l'efficacité de la régulation).

Pour EDF, ce modèle présente l'inconvénient d'obliger à gérer un portefeuille de concessions dispersées et disparates, et dont l'exploitation optimale ne pourrait plus, du coup, être assurée.

3. Le modèle d'« opérateurs régionaux du réseau de distribution d'électricité »

Ce modèle prétend concilier trois exigences – la concurrence, la décentralisation et l'efficacité technico-économique – en organisant la distribution sur une maille intermédiaire entre le local et le national. Il pourrait par ailleurs faciliter le traitement de la question des relations entre EDF et GDF, comme nous le verrons par la suite.

L'organisation de la distribution devrait être confiée à un gestionnaire-investisseur national – structure légère en charge des relations avec le régulateur, assurant aussi une veille technologique permettant de faire bénéficier le système des retours d'expérience sur les matériels, notamment – et à des gestionnaires-investisseurs régionaux. La propriété de ces structures pourrait être partagée, du moins dans une première période, entre EDF et les collectivités.

Une telle architecture suppose cependant une reconfiguration du pays en grandes régions (de six à dix), pour assurer son efficacité technique et sa rentabilité économique. Elle implique un nouveau découpage des activités qui permette de transférer aux opérateurs régionaux le réseau 63 kV du RTE et les postes sources inclus dans les concessions déléguées par les collectivités.

Cette architecture nouvelle aurait de nombreux avantages. Les gains d'efficacité devraient bénéficier aux consommateurs, comme dans le premier modèle. Mais à la différence du modèle national, la participation des collectivités locales au capital des opérateurs satisfait mieux aux exigences de la décentralisation. La nouvelle répartition des responsabilités implique des concessions réciproques entre les parties prenantes, mais celles consenties par EDF – l'apport des infrastructures du réseau 63 kV – seraient significativement plus importantes que celles demandées aux régions. Ces dernières apporteraient certes les réseaux de distribution (moyenne et basse tensions), mais deviendraient en contrepartie des acteurs capitalistiques directs de la distribution, et verraient s'étendre leurs prérogatives concernant les politiques d'aménagement du territoire liées à l'énergie. Le véritable inconvénient de ce modèle est qu'il repose sur l'hypothèse d'un regroupement régional fondé davantage sur des raisons techniques que politiques. La décentralisation est une évolution politique majeure de la démocratie, et sa difficulté réside dans la conciliation entre deux exigences de nature politique et technique : un meilleur fonctionnement de la démocratie et un regroupement régional fondé sur une optimisation technique. Cette conciliation est possible et souhaitable, à condition que la première exigence prenne le pas sur la seconde.

Pour EDF, ce modèle permet de conserver, à côté d'autres acteurs, une activité de distribution qui constitue un maillon indispensable à la fourniture de services, y compris d'intérêt général (relations avec les collectivités locales en particulier pour des questions touchant au lien social ou à l'aménagement des territoires). Il est cependant probable, au moins dans un premier temps, que la préférence des collectivités locales sera donnée à EDF.

Un futur marché européen de l'énergie y trouverait des avantages puisque d'autres entreprises pourraient à terme se voir confier les missions d'opérateur régional. Pourtant, si la Commission ne s'intéresse pas à la mise en concurrence des réseaux de transport (haute et très haute tensions), elle est, en revanche, très favorable à la séparation (comptable *a minima*) de ces activités. Un maintien de la distribution ainsi réorganisée dans EDF pourrait alors être interprété comme une tentative d'échapper à cette contrainte. Mais on pourrait rétorquer que ce projet n'affaiblit pas l'intensité de la concurrence, qui reste l'objectif ultime de la libéralisation, dans la mesure où il concerne des activités régulées. Même si l'obligation de séparation juridique voyait réellement le jour, elle ne priverait pas EDF de son rôle déterminant par une présence dans le capital des nouvelles entités créées.

4. Des modèles plus ou moins compatibles avec la situation de péréquation tarifaire

Doit-on et peut-on maintenir une péréquation tarifaire dans l'acheminement de l'électricité par les réseaux de distribution ? La réponse à la partie normative de la question est évidemment politique en ce qu'elle est fondée sur des critères d'égalité, notamment en matière d'aménagement du territoire. Nous nous intéresserons ici à la question positive de savoir si la péréquation est possible dans les modèles d'organisation que nous avons distingués. La question ne se pose, de fait, que pour les deux derniers modèles, puisque dans le premier, l'opérateur national, qu'il soit intégré ou non, peut assurer de façon directe et centralisée la gestion de la péréquation.

Dans le modèle totalement décentralisé, la péréquation est impossible. Il faudrait pour cela mettre en place un système indépendant de compensations entre régions, quelle que soit sa complexité.

Dans le système intermédiaire, EDF ne serait plus à terme l'unique opérateur régional du réseau à moyenne tension d'une part, ni de celui de la distribution publique à basse tension d'autre part, dont les activités pourraient être mises en concurrence. La péréquation serait plus difficile à réaliser que dans le système existant, d'autant que son maintien conduirait à réduire fortement l'espace des décisions des collectivités. Les avantages de la décentralisation qui fondent l'intérêt même de ce modèle en seraient amoindris.

Au-delà de la péréquation, la question de l'intérêt, pour le consommateur-usager du service public, d'une séparation juridique du réseau de distribution mérite d'être approfondie.

La question de l'intégration verticale de la distribution

L'intégration verticale au sein des opérateurs historiques est doublement remise en cause par l'ouverture du secteur. D'une part, en effet, la concurrence ne peut être effective que si l'accès des tiers au réseau est assuré de façon transparente et équitable. D'autre part, l'intégration verticale peut donner lieu à des subventions croisées entre activités régulées et dérégulées, qui autorisent des stratégies prédatrices et anticoncurrentielles.

C'est pourquoi la Commission est favorable à une séparation comptable, voire juridique. Mais la désintégration est-elle vraiment favorable aux consommateurs? Dans quelle mesure ne rend-elle pas plus complexe la question des flux d'informations indispensables à la stabilité technique du système, et économique des marchés? Si la désintégration a présidé à la réorganisation du secteur au Royaume-Uni, n'assiste-on pas, depuis, à une dynamique inverse, sous la surveillance d'un régulateur attentif? Depuis quelques années, en effet, des phénomènes de réintégration tant de l'amont vers l'aval (production vers distribution et commercialisation), que de l'aval vers l'amont (commercialisation et distribution vers la production) caractérisent l'industrie britannique. La forte présence du régulateur témoigne que ce mouvement est motivé davantage par des considérations de stabilité que de recherche de pouvoirs de marché.

En effet, les théories de l'externalisation sont fondées sur le principe de modularité, qui est un principe de gestion de la complexité : diviser un système complexe en éléments distincts qui peuvent communiquer entre eux par la médiation d'interfaces standardisées permet de réduire la complexité. Mais il est des activités qui sont difficilement décomposables en éléments distincts, car le tout est supérieur à la somme des parties (ce qui est selon Herbert Simon propre aux systèmes complexes). Si les interfaces ne peuvent pas être vraiment standardisées, les coûts de transaction, quant à eux, peuvent devenir considérables. Aussi, tout découpage des opérateurs historiques en plusieurs modules ne peut être efficace que si le dialogue entre eux peut être normalisé, condition nécessaire à l'existence de contrats complets. Est-ce le cas?

1. Intégration production / activités de réseaux

L'ouverture des marchés favorise l'accroissement de la part de la production décentralisée. Ainsi, le développement de l'éolien conduit à passer d'une structure relativement centralisée (quelques dizaines de sites dont l'injection sur le réseau est planifiée) à une structure dispersée (augmentation sensible du nombre de sites qui injectent sans planification). Le dialogue entre les différents maillons de la chaîne devient plus complexe à mesure que le nombre de producteurs augmente. La sécurité d'approvisionnement exige alors un dialogue entre les trois types d'opérateurs – producteurs, transporteurs et distributeurs – pour qu'ils se forment une vision commune de la demande finale. L'absence d'un tel dialogue et/ou de vision commune est généralement lourde de conséquences. Par exemple, la dynamique actuelle du marché de gros sur la plaque continentale européenne ne peut exclure l'hypothèse d'une crise inverse (excédent d'offre) de celle que la Californie a traversée. Le prix de gros de l'électricité est aujourd'hui largement inférieur au coût complet. Si cette situation était appelée à durer, le risque d'instabilité du marché deviendrait élevé. En raison de l'affaiblissement de l'incitation à investir qui s'ensuivrait, un retournement serait inévitable à plus ou moins brève échéance, accompagné d'un choc sur les prix de plus ou moins grande ampleur.

2. Intégration transport / distribution

Les opérateurs de distribution sont responsables en dernier ressort de la qualité du kilowatt-heure acheminé, les opérateurs de transport ayant quant à eux la responsabilité de la sûreté du système. Les investissements de développement des deux réseaux sont ainsi déterminants dans la capacité qu'aura chaque acteur à assurer efficacement sa responsabilité d'opérateur industriel : cette responsabilité ne peut cependant être assumée sans concertation en raison des fortes interdépendances entre les deux réseaux. Le développement des infrastructures ne peut être efficacement entrepris que si des relations étroites sont entretenues tant à l'amont entre producteurs et transporteurs, qu'au maillon intermédiaire, entre transporteurs et distributeurs, et à l'aval entre commercialisateurs et distributeurs. C'est ce qui justifie l'intérêt de l'intégration verticale pour la stabilité du marché. Mais l'intérêt général exige alors la définition de règles qui garantissent l'efficacité et la transparence du comportement de ces opérateurs intégrés.

3. Intégration distribution / commercialisation

Ces deux fonctions – la première technique, la seconde commerciale – sont a priori faciles à distinguer. Mais plusieurs raisons peuvent légitimer leur intégration. La collectivité locale peut en effet avoir un intérêt direct à solliciter l'opérateur de réseau du fait de sa forte proximité et du lien social qu'il peut contribuer à créer ou renforcer. La mise en concurrence des commercialisateurs et leur multiplication pourraient susciter une forte augmentation des coûts de transaction. En effet, le commercialisateur, directement au contact du marché final, dispose d'une information critique pour anticiper l'évolution de la demande (tant en volume qu'en profil et localisation). Il devient ainsi un interlocuteur essentiel pour que les développeurs-investisseurs de réseaux prennent des décisions informées. Même dans l'hypothèse où cette information est correctement délivrée aux investisseurs-développeurs, il reste à s'assurer d'un comportement coopératif des opérateurs de réseaux. Car ces derniers peuvent être incités à maintenir une relative rareté afin d'accroître leurs revenus plutôt que de développer l'infrastructure dans l'intérêt du consommateur. L'intégration de ces deux fonctions, au moins au niveau régional, peut alors être considérée a priori comme un facteur d'efficacité, ainsi qu'en témoigne a contrario la situation du marché allemand : tout commercialisateur doit acquitter un prix (qui n'est pas régulé et fait l'objet de négociations bilatérales) à chaque opérateur de réseaux, voire détenir auprès de lui un contrat par client desservi. Il en résulte que les coûts de transaction sont très élevés et fortement dissuasifs à l'entrée.

4. Intégration production / commercialisation

L'instabilité des marchés de gros, dont on ne peut aujourd'hui dire si elle est intrinsèque à l'activité ou due à l'inadaptation des régulations mises en place, peut également justifier un certain degré d'intégration verticale qui permet aux opérateurs de gérer leurs risques « sectoriels » et, ainsi, de mieux assurer leur « stabilité » sur le marché. La situation britannique récente (baisse des prix sur les marchés de gros, accompagnée d'une stabilité des prix aux clients résidentiels) peut illustrer l'intérêt d'une forme d'intégration verticale : les opérateurs intégrés ont en effet pu procéder à des basculements de marge de l'amont vers l'aval entre leurs activités qui avaient des cycles et des fondamentaux économiques différents. À l'opposé, la situation financière préoccupante de British Energy, qui comporte le risque de défaillance de l'opérateur nucléaire, est en partie la conséquence de son absence d'intégration verticale. La « promesse » contenue dans l'intégration verticale d'une plus grande stabilité des industriels peut ainsi rencontrer l'intérêt des consommateurs dans la mesure où elle les protège du risque de défaillance des acteurs. Mais il faut alors que les règles du marché, ainsi que la protection des consommateurs, contribuent à assurer que cette stabilité soit socialement efficace.

Intégration horizontale gaz/électricité : un mouvement européen qui tend vers le modèle historique français

Alors que certains pays européens ont considéré distinctement l'organisation et la régulation de la distribution et de la commercialisation des deux types d'énergies, une convergence gaz/électricité semble caractériser l'Europe, depuis une dizaine d'années à la production, et depuis deux ou trois ans à la commercialisation. Le cas français est particulier puisque la mixité avec Gaz de France est assurée depuis la loi de 1946.

On pourrait ainsi avoir l'impression que l'Europe évolue spontanément vers le modèle français au moment même où notre pays s'apprête à le défaire. Comment expliquer ces évolutions ?

1. Les avantages d'une offre « bi-énergies »

Les consommateurs sont historiquement habitués en France à une fourniture jointe de gaz et d'électricité et la demande pour ce type de produits joints s'accroît en Europe. Indépendamment de la commodité que cela représente pour les consommateurs, l'expérience française montre que l'on peut attendre deux effets favorables du groupement des offres.

Elle permet une baisse des coûts induite par l'exploitation de synergies et d'économies d'envergure dans les fonctions à la fois techniques et administratives de la fourniture : travaux communs sur la voirie, interlocuteur unique pour les petites interventions chez le client, points d'accueil et facturation uniques, etc.

2. La séparation entre EDF et GDF et ses conséquences

Avec 95 % du marché de la production et 97 % de celui de la distribution, la situation d'EDF au regard de la doctrine de la concurrence et de son interprétation par l'Europe n'est pas soutenable. C'est sur la base de ce constat que l'entreprise s'apprête aujourd'hui à se séparer de GDF. Comment est-il possible d'envisager une telle séparation ?

Les activités techniques concernant le gaz et l'électricité des opérateurs de réseaux (à une échelle régionale) restant des monopoles naturels régulés, les rapprocher permettrait de répondre au souhait des collectivités locales d'une coordination des travaux sur la voie publique. Ce rapprochement conduirait à la création d'un gestionnaire du réseau de distribution propre à chaque entreprise et d'un opérateur commun (structure nationale gérant des établissements et des opérateurs régionaux) regroupant les fonctions techniques et logistiques.

Pour les collectivités locales, qui considèrent qu'il s'agit d'une question interne aux deux entreprises, la désintégration devra s'accompagner de réorganisations et de relocalisations des sites.

Pour EDF, cette séparation a plusieurs conséquences. La première concerne la gestion des ressources humaines, puisque 60 000 personnes sont aujourd'hui concernées par la mixité. La seconde est qu'il lui faudra trouver un autre accès à la ressource gaz en amont — compte tenu de son poids en tant que consommateur —, au transport et aux facilités de stockage. Elle devra, pour cela, s'associer à un autre partenaire gazier, d'autant que l'entreprise souhaite continuer de proposer une offre «bi-énergies». Une incapacité à répondre aux attentes des clients sur ce point comporterait le risque d'une perte importante de parts de marché.

Afin d'éviter des conséquences trop graves pour EDF, un certain nombre de mesures devraient être envisagées. Un parallélisme des lois électricité et gaz devrait permettre aux deux entreprises de se développer, aux fins d'offres mixtes, en nouant des partenariats avec d'autres entreprises européennes et/ou françaises. L'accès réciproque aux réseaux devrait être assuré dans des conditions transparentes, et EDF devrait aussi pouvoir accéder aux capacités de stockage.

La séparation des deux entreprises crée une situation de forte incertitude tant sur le court que sur le long terme. Si les conditions de symétries ne pouvaient être remplies, une déstabilisation rapide et grave d'EDF n'est pas impossible avec le coût patrimonial que l'on imagine.

Plus fondamentalement, les avantages en termes d'intérêt général de la séparation sont indéterminés. Pour cette raison, il est nécessaire d'analyser d'autres options, évaluées sur ce critère et assurant le respect des engagements européens. On pourrait songer, par exemple, à la création d'un opérateur énergétique puissant – équivalant à ceux dont s'est dotée l'Allemagne avec RWE et E-on – qui détiendrait une part significative du marché (mettons 70 %), à côté d'un challenger dont l'entrée serait facilitée par la cession de capacités de production d'électricité et de contrats gaziers.

Conclusions et propositions

La réorganisation du système électrique et de l'opérateur historique qui jusqu'à présent en assurait la gestion fait d'EDF un acteur parmi d'autres du système électrique avec lequel il ne se confondra plus. Cette distinction ne peut néanmoins, dans des domaines où des droits fondamentaux sont en cause (le droit à l'énergie), faire l'économie d'une prise en compte de l'intérêt général. Ce dernier suppose le maintien de monopoles pour les activités de réseau, ce que nul ne conteste. Il exige également la mise en place de règles destinées à réduire les asymétries d'informations entre le régulateur et le régulé, condition qui doit également s'appliquer aux relations entre les acteurs au sein du système, afin d'assurer équilibre et stabilité des marchés au profit du consommateur. On a déjà dit la complexité de la conception de ces règles et le processus d'apprentissage dans lequel les pays occidentaux sont engagés à cet égard.

Les discussions sur la distribution d'électricité et la séparation d'avec GDF devront tenir compte de ces incertitudes.

Une régionalisation plus explicite de la fonction d'opérateurs de réseaux satisferait la demande des collectivités d'une réappropriation des enjeux locaux. Un schéma intermédiaire entre le modèle national et le modèle totalement décentralisé pourrait y répondre, dans des conditions techniques et économiques satisfaisantes, tout en permettant, si telle est la volonté politique, de ne point remettre en cause de façon abrupte la péréquation tarifaire. Cette régionalisation peut en un second temps faciliter l'objectif européen d'un marché unique de l'électricité.

L'intégration de la distribution dans EDF, en respectant les obligations de séparation comptable et organisationnelle, peut contribuer à accroître le bien-être des consommateurs dès lors que l'on admet que l'externalisation comporte des risques majeurs, qui n'ont pas encore été tous identifiés. L'exemple de l'évolution du marché britannique, sous le contrôle d'un régulateur qu'on peut supposer plus avisé en raison de son antériorité, semble justifier cette prudence. Le régulateur y trouve l'avantage de pouvoir s'appuyer sur des interlocuteurs expérimentés ayant une vision globale plus sûrement adaptée à la mise en place des bonnes règles.

La séparation d'avec Gaz de France répondrait aux exigences de l'ouverture des marchés à la concurrence, alors même que se dessine en Europe un mouvement de rapprochement entre les entreprises des deux secteurs. Est-ce bien raisonnable ? Si cela devait malgré tout se faire, il conviendrait, dès lors, au moins de s'assurer que les règles du jeu soient équitables et donc symétriques, et que, d'autre part, les deux opérateurs historiques puissent par la médiation d'alliances continuer de proposer des offres mixtes.

LE RÔLE ET LA RESPONSABILITÉ D'EDF, ENTREPRISE DU TROISIÈME TYPE, DANS L'ÉLABORATION DE RÈGLES DU JEU « CITOYENNES »

En tant qu'entreprise du troisième type, EDF doit pouvoir concilier l'intérêt industriel, commercial et financier de ses propriétaires (présents ou futurs) et ses missions d'intérêt général en faveur du développement durable et du service public. Ces deux catégories d'intérêts n'ont pas de raison d'être toujours divergentes. Deux situations extrêmes présentent néanmoins ce risque, qui doivent par conséquent être évitées : celle dans laquelle les stratégies de l'entreprise restent (implicitement) motivées par la recherche de profits de court terme résultant de l'exploitation de pouvoirs de marchés (par exemple en situation d'équilibre offre-demande globalement ou localement tendu au gré des congestions de réseau) ; celle dans laquelle les pouvoirs publics contribuent à charger EDF de façon inéquitable par rapport à ses concurrents.

Mais nous avons précisément souligné les raisons pour lesquelles la gouvernance d'une entreprise du troisième type permettait d'éviter ces écueils. EDF devrait alors mettre ses compétences et son expérience à la fois au service de l'élaboration de règles du jeu « citoyennes » à l'échelle européenne, et à celui de ses clients-usagers.

L'élaboration de marchés de gros

Quelles propositions pourraient conduire à l'élaboration de marchés de gros satisfaisants sur le plan de l'intérêt général et du développement durable ? Et quelles devraient être les modalités pertinentes d'intervention et d'engagement des pouvoirs publics pour les promouvoir ?

Un fonctionnement correct des marchés de gros est une condition essentielle au bon fonctionnement des marchés de détail. Or l'observation des marchés de gros de l'électricité mis en place dans plusieurs pays, notamment aux États-Unis, fait apparaître deux problèmes majeurs qu'il convient de rappeler à ce stade : l'existence d'un risque de sous-investissement et la généralisation des pouvoirs de marché en situation de tension entre offre et demande. En situation normale en effet, les prix ont tendance à s'ajuster sur les coûts en combustible des dernières centrales utilisées, même lorsque le marché est peu concurrentiel. Il en résulte un niveau de prix trop bas pour inciter aux investissements. Parce que les marchés à terme ne dépassent pas spontanément un horizon d'une ou deux années, les prix à terme ont eux aussi tendance à demeurer à des niveaux trop bas. À l'inverse, dès que la situation se tend, la combinaison d'une offre et d'une demande toutes deux inélastiques à court terme, confère à tous les producteurs, même lorsque le marché est très concurrentiel, un pouvoir de marché considérable. Il suffit qu'un producteur modeste retire quelques centrales de son offre pour que les prix atteignent des niveaux vertigineux et que des coupures d'électricité soient nécessaires[2].

« Nous devons considérer le système des prix comme un mécanisme de communication de l'information si nous désirons comprendre sa fonction réelle... Le trait le plus caractéristique de ce système est l'économie de connaissance avec lequel il agit, ou le peu de chose que les individus doivent connaître pour être capables de prendre la bonne décision... Seule l'information la plus essentielle est communiquée et uniquement à ceux qui sont concernés », écrivait Hayek[3]. C'est cette caractéristique du système des prix qui légitime l'économie de marché, l'optimalité de l'allocation des ressources qu'elle permet et l'inutilité, voire la nocivité, des interventions de l'État. Or les problèmes fondamentaux que nous venons de souligner signifient que trop souvent sur le marché de l'électricité, quel que soit le degré de concurrence qui y règne, le système de prix ne peut structurellement adresser les bons signaux aux acteurs ; la plupart du temps, il peut au contraire les conduire à prendre de mauvaises décisions. Le risque est donc que la concurrence conduise à une privatisation des bénéfices et à une socialisation des pertes, car les pouvoirs publics ne peuvent évidemment rester passifs en cas de dysfonctionnements graves d'un service public aussi essentiel. Et c'est de fait ce qui est advenu en Californie et au Royaume-Uni (avec British Energy). Alors que l'on attend de la concurrence exactement l'inverse, à savoir la mobilisation des capitaux privés pour mieux atteindre un objectif social (ce qui est une autre façon d'énoncer la parabole de la main invisible d'Adam Smith).

Pour ce qui concerne l'électricité, la régulation des marchés est donc une condition *sine qua non* de leur ouverture. Comme celle-ci est d'une grande complexité et que, de surcroît, l'expérience manque pour prévoir toutes les possibilités de dysfonctionnements futurs, les règles à mettre en œuvre doivent être suffisamment robustes pour éviter toute discontinuité du service public. *A minima*, le cadre de la régulation devrait permettre de concilier une exploitation journalière efficace des parcs de production et une programmation des décisions de déclassement/renouvellement/développement des parcs de production économiquement efficace à long terme (maîtrise des coûts complets) et compatible avec les objectifs européens de politique énergétique et environnementale.

Mais il faut aller bien au-delà pour réduire les pouvoirs de marché et faire en sorte que les signaux de prix renseignent correctement sur les investissements nécessaires. Sur ces deux points, il existe des éléments de solution, que l'on se contentera de répertorier, et qui devraient faire l'objet de recherches futures.

La question de l'information, on l'a vu, est essentielle. Aussi, pour favoriser dès à présent l'intégration européenne du marché de l'électricité, il faudrait développer le système européen d'information entre gestionnaires de réseaux de transport qui, aujourd'hui, est nettement moins développé que les systèmes américains.

Pour éviter que les situations tendues ne donnent lieu à d'excessives augmentations de prix, il faudrait utiliser des formules de prix ou de revenus plafonds (*price or revenue cap*), en évitant les écueils qui caractérisent ce type de formules et dont on a vu les conséquences en Californie. Choisir des prix plafonds trop bas, en effet, découragerait la production des centrales dont les coûts marginaux sont élevés ; trop hauts, ils abonderaient la rente des producteurs au détriment des consommateurs, au risque de stimuler des entrées inefficientes et de pénaliser les industries dont la production est intensive en électricité. Mais d'autres expériences de *price cap* plus réussies existent, notamment celle de la Pennsylvanie, et qui pourraient inspirer le régulateur. Une autre modalité proposée par Paul Joskow serait d'inciter «à ce qu'une importante fraction de la demande de consommation soit couverte par des contrats de long terme à prix fixes, négociés dans des conditions concurrentielles bien en avance des crises de marchés *spot* (très court terme). De tels contrats à la fois protégeraient les consommateurs de la volatilité des prix (ils ont le même effet qu'une police d'assurance) et réduiraient les incitations des offreurs à exercer leur pouvoir de marché lorsque l'offre devient inélastique. Ils peuvent aussi faciliter le financement de nouvelles centrales[4]».

À moyen ou long terme, notamment pour favoriser des décisions informées en matière d'investissement en moyens de production (pointe, semi-base et base), il conviendrait d'examiner l'intérêt à concevoir des marchés de capacités à un horizon de moyen terme, comme nous l'avons déjà souligné. EDF pourrait aussi participer à l'élaboration de produits à terme « standardisés au niveau européen », pour qu'ils ne soient pas l'apanage d'un seul électricien. Des marchés à terme sur différents horizons (entre quatre et dix ans) incluant des instruments économiques pour l'environnement (permis, taxes), homogènes à ces horizons, contribueraient à une meilleure information, mais ont beaucoup de mal à se développer spontanément. Il s'agit là également de « défaillances de marché » résultant de la difficulté, face à un avenir incertain, de concevoir les « bons » produits. Elles ont pour conséquence une insuffisance collective d'assurance, et ce, au détriment des intérêts de chacun.

En matière de politiques publiques, il faudrait réfléchir à la fois aux instruments des politiques de l'environnement à moyen terme, et à ceux des politiques énergétiques et environnementales de long terme (les mécanismes de soutien approprié à la recherche-développement sur la captation du carbone, le nucléaire, la biomasse, etc.). L'incertitude des politiques publiques, surtout lorsqu'elles ont un impact sur la rentabilité des entreprises, n'est pas favorable à l'investissement.

Il faudrait aussi promouvoir des marchés de gros européens du gaz efficaces, dont le fonctionnement serait probablement très différent de celui des marchés de l'électricité. En participant à une meilleure information sur les coûts des combustibles, ils permettraient de mieux éclairer les décisions d'investissement et les choix techniques qu'elles impliquent.

Nous avons conscience que si cette liste, malgré son incomplétude, ressemble à un inventaire à la Prévert, elle a au moins l'avantage d'illustrer un point essentiel :

une entreprise du troisième type, pour être crédible, doit être une force de proposition aussi objective que possible dans les multiples domaines où la régulation peut s'avérer défaillante.

Les règles d'accès au réseau de transport en Europe

En termes de réglementation, et face à l'abondance des textes (parfois discutables) du régulateur fédéral américain, l'approche européenne en est encore à ses balbutiements et se limite à quelques paragraphes de la directive de 1996, à un projet de règlement sur les interconnexions, et à un projet de nouvelle directive gaz-électricité (orientée surtout sur la séparation juridique du transport). L'essentiel de l'organisation et de la réglementation du transport se situe au niveau de chaque État, avec des pouvoirs publics et des gestionnaires de réseaux insuffisamment enclins à favoriser l'intégration européenne, et avec des barrières aux échanges excédant largement les seules barrières «objectives» des contraintes physiques aux interconnexions. Il est juste de dire que, consciente des obstacles à la concurrence qu'une telle organisation comporte, la Commission incite à l'augmentation du financement des réseaux trans-européens. Il faut cependant ajouter que la construction de nouveaux réseaux se heurte à des oppositions considérables, notamment pour des raisons environnementales.

En attendant l'émergence d'un gestionnaire européen de réseau, il est clair que l'intérêt général exige une coordination étroite entre les régulateurs et les gestionnaires de réseaux de chaque État, pour traiter aussi bien des questions opérationnelles d'aujourd'hui que de l'élaboration des doctrines de demain.

De nombreuses améliorations semblent déjà possibles sans nécessairement faire appel à des réformes législatives. À court terme, le développement des systèmes d'information publics constituerait un progrès opérationnel manifeste par rapport à ceux qui existent (on pense à l'opacité du système allemand...). Il permettrait aussi de commencer à nourrir des études et une expertise dont pourraient largement bénéficier les électriciens et les pouvoirs publics. Dans l'élaboration de règles harmonisées au niveau européen, il faudrait distinguer (au regard des confusions observées aujourd'hui) les questions de tarification d'infrastructures, de gestion et tarification des congestions, de gestion et tarification des services systèmes, de gestion et tarification du raccordement des nouveaux moyens de production (éolien inclus), de coordination entre planification des réseaux et planification des moyens de production, etc. On pourrait ainsi mieux identifier les collaborations et synergies requises entre producteurs et transporteurs dans les pays où les deux types d'infrastructures sont en développement, et les modes de gouvernance souhaitables des activités de transport.

Sur l'ensemble de ces points, la panne d'électricité survenue au Canada et dans le Nord-Est des États-Unis, à l'été 2003, est riche d'enseignements. Elle souligne une défaillance de la régulation, qui n'a pas su concevoir des règles incitant au développement du réseau de transport, de sorte que ce dernier est sous-dimensionné par rapport aux besoins : il n'a en effet connu aucun investissement dans les quinze dernières années. Elle illustre les conséquences potentielles d'une trop grande fragmentation du système de transport entre les différents États. Elle montre aussi à quel point la question de l'information est essentielle : c'est l'effondrement d'une ligne de transport qui a été à l'origine de la panne, information qui n'a pas été relayée dans l'ensemble du système. Si tel avait été le cas, la panne aurait pu être évitée, du moins, partiellement.

Les règles du marché résidentiel et du petit tertiaire

Les différentes expériences en cours montrent les difficultés à définir *ex-ante* des règles adaptées aux spécificités du marché des clients résidentiels : leur petite taille, et donc leur faible pouvoir de négociation, ajoutés aux asymétries d'information (degré de connaissance de la concurrence, analyse des informations disponibles sur les prix, etc.), constituent en effet deux éléments majeurs des problèmes de concurrence, qui jouent moins pour les autres catégories de clientèle. Les stratégies de « différenciation » de l'offre (foisonnement des types de contrat, campagnes publicitaires, pratiques de la relation clientèle, etc.) mises en place par les acteurs montrent directement le type d'exploitation qui peut en être fait.

Il est évident que ces règles doivent pouvoir être adaptées, les régulateurs sont en effet encore en phase d'apprentissage en raison de la nouveauté des processus mis en place et des incertitudes qui caractérisent les dynamiques futures de marché. Les dispositifs mis en place devront intégrer ces incertitudes au fur et à mesure qu'elles seront levées. Car des retours d'expérience trop récents d'une part, des analyses encore peu nombreuses d'autre part, empêchent de conclure définitivement sur ce que pourraient être ces règles.

EDF pourrait cependant être une force de proposition sur les points majeurs à débattre avant une ouverture totale. Il faut en effet veiller à ce que la concurrence soit effective, en identifiant les moyens nécessaires pour inciter les clients à la faire jouer et en les protégeant contre les pratiques discriminatoires. Cela implique de minimiser les «coûts» de transaction pour les clients (par la mise en place de mécanismes de *load-profile* standardisés[5] évitant des investissements spécifiques initiaux) ainsi qu'une réduction des asymétries d'informations (prise en charge par les pouvoirs publics des modalités d'information et de comparaison des prix). Cela implique aussi la recherche de modalités de contractualisation qui préviennent l'émergence de politiques discriminantes (durée du contrat, modalités et gestion du basculement à un concurrent, obligations d'offre en dernier ressort affectées et définies *ex-ante*, modalités de renégociation des contrats antérieurs avec les clients ne pouvant ou ne souhaitant pas changer de fournisseur, etc.). Il faut, d'autre part, réduire les incertitudes de court ou moyen terme sur les prix afin de favoriser les basculements, sous contrainte de l'efficacité des marchés en amont. Pour consolider les dispositifs de protection des consommateurs, il s'agit aussi de spécifier les règles sur les pratiques commerciales, et d'identifier les modalités de suppression des subventions croisées entre catégories de clients d'une part, entre marchés d'autre part. On pourrait allonger la liste.

Enfin, la question de la définition des prérogatives du régulateur, en particulier du point de vue de la crédibilité de l'autorité qu'il peut exercer sur les acteurs du marché, apparaît, pour l'électricité comme pour d'autres secteurs, un prérequis indispensable pour garantir que ces règles soient effectivement appliquées.

L'implication d'EDF dans l'aide aux ménages en situation de précarité

Les impayés de facture constituent souvent un indice de graves difficultés des ménages. Plus précisément, on peut considérer que les ménages dont les factures restent impayées après épuisement des procédures de relance, et qui prennent ainsi le risque d'une coupure, sont, pour nombre d'entre eux, dans l'impossibilité réelle de payer. Les électriciens peuvent ainsi déceler rapidement les situations de précarité, proposer des facilités de paiement et éventuellement faciliter la prise de contact des ménages concernés avec les services sociaux.

Ce rôle ne peut cependant être tenu qu'à condition qu'existe véritablement un risque de coupure. Les règles mises en œuvre en France présentent à cet égard un avantage certain, au regard aussi bien de la quasi-interdiction des coupures pratiquée en Belgique que du recours massif aux compteurs à prépaiement qu'on constate au Royaume-Uni : dans les deux cas, en effet, le consommateur n'a plus d'incitation ou de moyen d'informer son électricien des difficultés qu'il traverse. À rebours de la pratique britannique[6], EDF a progressivement accru son rôle dans la lutte contre la précarité.

La création, en 1994, du Service maintien de l'énergie et le choix fait depuis en faveur d'une prise de contact systématique préalable à toute interruption de fourniture, un dialogue nécessaire s'est établi, en cas de difficulté, entre l'entreprise et le client.

La participation active d'EDF au Fonds Solidarité Énergie, dont il est aujourd'hui le premier financeur (11,2 millions d'euros), en partenariat avec l'État, les conseil généraux, les Assedics et les CAF locales, conduit en outre l'entreprise à aider directement plusieurs centaines de milliers de ménages à payer leurs factures impayées, après qu'ils ont été mis en contact avec les services sociaux.

On notera que l'implication de l'entreprise ne se limite pas à une aide financière mais qu'elle se mesure également en termes d'effectifs mobilisés : on évalue à 650 personnes, en équivalent temps plein, le nombre d'agents associés à la politique de solidarité mise en œuvre par l'entreprise.

Cet engagement a un coût qu'il est, pour l'instant, difficile d'objectiver auprès des pouvoirs publics ou d'un régulateur. Cela soulève évidemment la question de sa compatibilité avec une ouverture totale du marché. Pour les mêmes raisons encore, ce service est difficile à qualifier pour une éventuelle mise aux enchères. Mais la difficulté n'implique pas la paralysie et il convient de poursuivre la réflexion en tentant de préciser avec la plus grande objectivité, et dans le plus extrême détail, les éléments constitutifs de ce coût. Il sera alors possible de procéder à une comparaison avec les autres modalités d'aide efficace qui existent, et de décider de la part de ce coût qui incombe à la collectivité et de celle qui incombe à l'électricien.

LE RÔLE ET LA RESPONSABILITÉ DES POUVOIRS PUBLICS : LES CHOIX OUVERTS PAR LES PERSPECTIVES ÉNERGÉTIQUES DE LONG TERME

La question du nucléaire doit être débattue, au regard des qualités et défauts intrinsèques liés à cette énergie, mais aussi au regard des perspectives énergétiques à long terme (cinquante à cent ans) de la planète. Or les choix d'aujourd'hui (à l'horizon de cinq à dix ans) conditionneront ceux de demain (les programmes d'équipement des trente prochaines années) qui, eux-mêmes, affecteront le paysage énergétique d'après-demain. Ces irréversibilités, particulièrement fortes en matière d'investissement dans le secteur électrique, exigent que les choix du présent soient le mieux informés possible. Mais qu'il s'agisse des modes de vie futurs des consommateurs, des progrès techniques à venir, de l'horizon de l'épuisement des ressources non renouvelables, ou même des politiques publiques en matière d'environnement, les incertitudes ne sont pas aisément réductibles. Il n'est dès lors pas d'autres solutions que de tenter un exercice de prospective sur l'ensemble de ces points, avant de revenir à la question du nucléaire.

La demande mondiale d'énergie

Les scénarios énergétiques de long terme sont fondés sur des hypothèses alternatives quant au type de société qui prévaudra : modes de vie des individus, types d'activité économique, technologies développées, convergences/divergences entre pays... Ces «explorations du futur» apparaissent comme des compromis entre l'extrapolation des évolutions observées sur plusieurs décennies, l'anticipation de ruptures que suggèrent les observations récentes, et les inflexions politiques et institutionnelles destinées à favoriser directement ou indirectement certains usages ou énergies. Il existe, de ce fait, plusieurs avenirs possibles.

En s'inspirant des travaux du Conseil mondial de l'énergie, il semble raisonnable de s'en tenir à des fourchettes de consommations énergétiques mondiales, selon l'horizon considéré. En 2050, cette consommation serait de 1,5 à 3 fois plus élevée que celle de 1990, pour un PIB mondial entre 4 et 5 fois supérieur à celui de 1990, et une population mondiale presque doublée. En 2100, les fourchettes s'élargissent : de 2 à 5 pour la consommation, de 10 à 15 pour le PIB ; seule la population serait stabilisée au voisinage du double de celle de 1990.

Quel que soit l'horizon, l'hypothèse est que les pays aujourd'hui en développement connaîtront une croissance plus rapide que les pays industrialisés, et que leur consommation d'énergie sera égale à plus de 50 % de la consommation mondiale tant en 2050 qu'en 2100. Ces évolutions sont liées notamment au phénomène d'urbanisation du monde en développement, et à la croissance des usages de l'électricité et des transports qu'il implique.

Les énergies non renouvelables

1. Le pétrole

Le débat est encore vif aujourd'hui sur l'horizon de l'épuisement des réserves en pétrole[7]. Pour certains, la fin du pétrole est pour très bientôt (quarante-trois ans) ; pour d'autres, au contraire, la poursuite du progrès technique dans l'exploration-production des hydrocarbures, s'il garde le rythme que le secteur a connu depuis le début des années 1980, serait susceptible de repousser de quelques décennies l'apparition de véritables tensions (« ponts technologiques » entre différentes formes d'hydrocarbures). Dans un éventail de prix compris entre 15 et 30 dollars le baril, l'industrie pétrolière pourrait satisfaire une demande en hausse de 2 % par an, jusqu'à la moitié du siècle.

Au-delà de quarante à cinquante ans, et certainement avant cent ans (hors rupture technologique majeure non anticipée), le pétrole se heurterait malgré tout à la contrainte de rareté des ressources. Aux horizons 2050-2100, les travaux du Conseil mondial de l'énergie indiquent une diminution progressive, mais forte, du poids du pétrole dans le bilan énergétique mondial.

Il faut cependant souligner qu'avant ces échéances, des tensions majeures pourraient apparaître au niveau mondial en raison du risque géopolitique dû à la concentration de ces ressources en un nombre limité de régions (de l'ordre des deux tiers au Moyen-Orient).

2. Le gaz

L'exploration intéressée du gaz est relativement récente : auparavant les découvertes étaient involontaires et non valorisées (gaz brûlé à la torchère…). C'est pourquoi, à la différence du pétrole, la découverte de gisements majeurs dans des régions du globe encore non prospectées, de l'ordre de grandeur de ceux de la Russie ou du Moyen-Orient, n'est pas exclue. Plus récent, le gaz bénéficie aussi des progrès techniques réalisés dans le pétrole (notamment en termes de taux de récupération des gisements).

L'estimation actuelle des réserves gazières, de l'ordre de soixante ans, devrait donc être continûment révisée à la hausse. Il n'est pas exclu qu'elle puisse atteindre cent ans, à condition que le rythme d'exploitation mondial actuel ne soit pas sensiblement modifié.

Si la contrainte de rareté de la ressource apparaît ainsi plus lâche que celle du pétrole, elle est cependant suffisante pour que l'ensemble gaz-pétrole (qu'on peut agréger compte tenu des « ponts technologiques » qui se développent entre ces énergies) ne constitue plus qu'environ 50 % de l'approvisionnement énergétique vers 2050, et moins à l'horizon 2100.

Par ailleurs, pétrole et gaz présentent une différence majeure : le marché du pétrole est mondial avec un prix à peu près unique, puisqu'il peut être transporté à bas prix n'importe où. Mais le gaz est six fois moins compact que le pétrole et donc six à dix fois plus cher à transporter (gazoduc ou GNL). Les gains de productivité attendus sur le maillon du transport ne semblent pas considérables, et pourraient être compensés par l'éloignement progressif des ressources exploitées.

En termes d'équilibre géopolitique, les réserves mondiales de gaz semblent a priori mieux réparties que les réserves de pétrole, même si elles restent majoritairement concentrées loin des grandes zones de consommation (selon l'USGS : 39 % des réserves connues sont en ex-Union soviétique, 34 % au Moyen-Orient, 7 % en Asie-Pacifique, 7 % en Amérique du Nord, 3,1 % en Europe). Mais la relative immobilité géographique du gaz par rapport au pétrole en raison des coûts de transport entraîne un risque géopolitique lié à l'usage du gaz, en particulier pour l'Europe et l'Asie.

3. Le charbon

Les réserves connues en charbon permettent une exploitation de l'ordre de trois cents ans au rythme actuel de production. Et les découvertes potentielles restent très importantes. Aussi, même si le rythme de production était doublé ou quadruplé, l'horizon d'épuisement de la ressource dépasserait le siècle à venir. Le développement de «ponts technologiques» permet notamment d'envisager la substitution du charbon aux hydrocarbures (gaz de synthèse) en cas d'épuisement de ces derniers, pour des coûts d'hydrocarbures synthétiques de l'ordre de 35 dollars le baril.

Les réserves de charbon sont en outre assez bien réparties et ne présentent donc pas de risque géopolitique. En particulier, les deux consommateurs futurs majeurs que sont la Chine et l'Inde disposent de ressources propres qui devraient largement contribuer à leur approvisionnement énergétique dans les décennies à venir.

La pollution environnementale de type SO_2 NOx et poussières, peut être limitée pour un coût raisonnable au niveau des unités de grande taille. Mais il existe nombre de petites exploitations décentralisées peu performantes et très polluantes, destinées à durer. Les améliorations observées récemment en Chine, pour ce qui concerne aussi bien l'intensité énergétique que la pollution, résultent, notamment, d'une politique de fermeture «forcée» de nombreuses petites unités décentralisées.

On peut raisonnablement supposer que l'exploitation du charbon sera marquée par un progrès technique et des baisses de coûts analogues à ceux qui ont été observés ces dernières années sur les cycles combinés au gaz.

4. Risques de changement climatique et contrainte CO_2 liés à l'utilisation d'énergies fossiles

Bien que de très larges incertitudes demeurent, notamment sur les conséquences économiques, sociales et environnementales associées aux risques de réchauffement climatique, la communauté scientifique mobilisée par le GIEC (Groupe international d'experts sur le changement climatique) accumule depuis dix ans des faisceaux convergents de présomptions.

Une croissance non contrôlée sur plusieurs décennies de la consommation mondiale de charbon, de pétrole, et à moindre égard de gaz (deux fois moins émetteur de CO_2 que le charbon), pourrait provoquer des événements de moins en moins «extrapolables» à partir du passé, notamment des catastrophes climatiques qui seraient autant de ruptures.

Deux moyens conjoints devraient être utilisés pour éviter pareilles éventualités indépendamment de la recherche systématique d'économies d'énergie : une diminution progressive de l'utilisation du charbon et du pétrole ; la captation et le stockage du CO_2. Les coûts liés à l'utilisation de ce second moyen équivaudraient d'ici vingt à trente ans à un doublement ou un triplement du coût complet des centrales charbon. En cas d'utilisation massive de cette solution (comme complément obligé d'une croissance massive de l'utilisation mondiale du charbon), la limitation des possibilités de stockage géologique obligerait à recourir à un stockage au fond des océans, dont la capacité durable de rétention reste encore à prouver.

Les énergies renouvelables

Les coûts d'investissement constituent aujourd'hui un obstacle important au développement massif des énergies renouvelables, notamment pour les pays en développement. Même l'Union européenne n'atteindra que difficilement l'objectif 2010 de la directive adoptée récemment (12 % de l'approvisionnement énergétique de l'UE par des énergies renouvelables

[ENR], dont 21 % dans le secteur électrique), au regard des coûts et «gisements» actuels. L'exploitation de la ressource hydraulique semble proche de ses limites naturelles, alors que les biocarburants restent très coûteux. L'éolien connaît cependant une évolution spectaculaire, mais reste coûteux et sa forte concentration sur certaines zones comporte le risque d'un «écroulement» de puissance en cas d'absence de vent[8] ou, au contraire, de passage de tempête.

À l'horizon 2020-2050, les perspectives de développement de ces énergies ne doivent pas être sous-estimées en raison des progrès techniques envisageables et de l'évolution des politiques publiques.

Le potentiel hydraulique des pays en développement, notamment en Afrique, est très important. Mais sa mise en œuvre dépend de la stabilité du contexte institutionnel des régions concernées, de la coopération entre pays qui s'y établira, en raison de l'ampleur des capitaux à engager, et de l'impact régional des barrages et des infrastructures de transport sur longues distances de l'électricité.

Le développement de l'éolien à grande échelle se heurte aux obstacles de la limitation des sites terrestres susceptibles d'accueillir de grandes installations, et de l'impact de telles installations sur l'environnement naturel et humain, surtout en Europe dans les pays de forte densité comme le Danemark ou les Pays-Bas. L'éolien *offshore* naissant permettrait de contourner ces obstacles. L'utilisation des mers et des océans présente de nombreux avantages : le vent y est plus fort et plus régulier que sur terre et les nuisances visuelles et sonores n'affectent pas les populations. Cependant, seuls de gros investissements (des machines de plusieurs mégawatts) permettraient de limiter les coûts de ces projets *offshore*. Sur terre, on peut aussi envisager l'exploitation de potentiels importants dans des zones telles que le Maroc, le Kazakhstan ou le Dakota.

En ce qui concerne l'énergie solaire, elle devrait encore durablement rester marginale dans le bilan énergétique mondial, compte tenu de ses coûts prohibitifs, même si elle trouve aujourd'hui une place honorable d'énergie décentralisée dans certaines zones ensoleillées et isolées des grands réseaux énergétiques. Elle paraît pourtant pleine de promesses au-delà de 2050, horizon suffisamment éloigné pour que l'on puisse envisager des évolutions technologiques majeures mais très incertaines (sur le photovoltaïque, sur la captation directe par satellite puis transmission par laser, sur le développement de technologies capables de stocker l'énergie à des coûts acceptables, etc.).

La biomasse fut la première énergie historiquement utilisée par les pays industrialisés avant l'avènement du charbon au XIXe siècle, mais elle y est devenue marginale (moins de 5 %). Même si elle constitue encore une source majeure d'énergie dans certains pays développés, elle est destinée à péricliter sous sa forme actuelle, en raison de la faiblesse de ses rendements et de ses conséquences environnementales. La « modernisation » de cette énergie (biocarburants, charbon de bois réservé à certains usages) peut permettre à certains pays en développement d'y trouver une ressource importante, car moins capitalistique que les moyens de production centralisés et les réseaux d'électricité, et davantage utilisatrice de main-d'œuvre. La biomasse toutefois doit être plutôt considérée comme complémentaire du développement d'énergies commerciales plus centralisées, nécessaires à long terme aux grandes zones urbaines.

Les perspectives du Conseil mondial de l'énergie attribuent à l'ensemble des énergies renouvelables au moins 20 % de la satisfaction des besoins futurs à l'horizon 2050. Aller au-delà (30-40 %...) pose des interrogations majeures sur l'extension de l'usage des sols.

À l'horizon 2100, l'éventail des possibles est beaucoup plus ouvert : les énergies renouvelables pourraient voir leur poids relatif stagner, ou au contraire occuper une place importante dans les sources d'approvisionnement énergétiques de la planète. Cette seconde possibilité est liée au développement de technologies dites *backstop*, c'est-à-dire de technologies qui permettraient l'existence d'énergies infiniment renouvelables à un coût raisonnable. Les perspectives de stockage de l'énergie, notamment par l'hydrogène, y contribueraient de façon décisive.

Remarques sur la future économie de l'hydrogène

Les deux atouts majeurs de l'hydrogène sont qu'il existe en quantité infinie, au regard des besoins énergétiques de l'humanité d'une part, et que, d'autre part, sa combustion ne génère que de l'eau, et donc aucune pollution. Il n'est cependant, comme l'électricité, qu'un vecteur énergétique, qui exige à l'amont une source primaire d'énergie.

Les technologies existantes ou en cours d'évolution permettent de penser que dans dix à vingt ans (grâce à la solution de différents problèmes techniques), l'hydrogène pourrait être utilisé comme carburant du transport, à partir d'hydrocarbures (énergies non renouvelables). Ce sont les perspectives de gains de rendements énergétiques des véhicules à des coûts « raisonnables », et donc d'économies d'hydrocarbures, qui fondent cette prédiction. À cinquante ans et au-delà, ce qui constitue un horizon plus raisonnable, l'électrolyse de l'eau pourrait permettre la formation d'hydrogène à partir de l'électricité et donc à partir d'énergies renouvelables ou nucléaire, et son transport sur des distances importantes à des coûts raisonnables. Il s'agit là de l'un des scénarios possibles d'émergence de technologies *backstop*, dont la réalisation exige des ruptures technologiques majeures.

Le nucléaire

Les réacteurs à eau légère, filière industrielle aujourd'hui dominante dans les pays de l'OCDE, utilisent l'uranium 235 (U 235), qui ne constitue que 0,7 % de l'uranium naturel, formé à plus de 99 % d'U 238. Les réserves connues permettent un recours à U 235 pendant une période de l'ordre de soixante ans, au rythme actuel d'exploitation mondiale. Mais le ralentissement ou l'arrêt des programmes nucléaires au cours des deux dernières décennies ont dévalorisé l'activité d'exploration. Il est vraisemblable qu'en cas de reprise du nucléaire, de nouvelles découvertes permettraient d'éloigner cet horizon d'une ou plusieurs décennies, même si la production augmentait de façon significative. La répartition géographique de la ressource est suffisamment diversifiée pour limiter les risques géopolitiques. Sa disponibilité autorise vraisemblablement une seconde génération de réacteurs à U 235 succédant à tout ou partie des parcs existants (2010-2030), et probablement, si l'activité d'exploration produisait les résultats escomptés, une troisième génération.

À l'horizon du renouvellement des parcs existants en Europe (en 2010-2030), l'évaluation économique du coût complet de développement de la filière U 235 actuelle (démantèlement et gestion en aval du cycle inclus) et de celles qui lui succéderont conduit, pour la production centralisée d'électricité en base, à un ordre de grandeur comparable à celui des filières thermiques fossiles existantes (charbon, gaz) : environ 30-40 euros le mégawatt-heure dans des hypothèses vraisemblables de coût moyen du capital (8-9 % en termes réels), de scénarios qui tiennent compte du coût supplémentaire des limitations d'émissions de CO_2 qui sera imposé aux filières thermiques fossiles.

On doit aussi envisager pour le nucléaire une baisse progressive des coûts résultant de progrès techniques analogues à ceux observés ces dernières années sur les cycles combinés au gaz (coûts d'investissement et rendements thermiques).

Par ailleurs, l'utilisation d'autres combustibles primaires dans les centrales nucléaires pourrait considérablement repousser, dès le moyen terme, mais encore plus sûrement à long terme, le risque de contrainte d'épuisement des réserves. Les réserves disponibles de thorium, dont l'utilisation serait interchangeable à moyen terme, sont suffisantes pour permettre une exploitation sur plusieurs décennies à un rythme analogue à celui d'aujourd'hui. Plus encore, les réserves disponibles d'U 238 naturel étant 150 fois supérieures à celles de l'U 235, leur utilisation industrielle à l'échelle mondiale ne susciterait aucun risque d'épuisement avant quelques centaines d'années, voire plusieurs millénaires. La filière à neutrons rapides utilise aujourd'hui l'U 238 sur des prototypes industriels dans quelques pays (en France, Superphénix est fermé depuis 1997), mais à des coûts encore éloignés de la compétitivité. Enfin, la fusion nucléaire à partir de l'hydrogène, existant naturellement en quantités infinies, aurait toutes les vertus d'une technologie *backstop*. La maîtrise de cette technique, qui en est encore au stade de la recherche et du développement, est donc peu vraisemblable à moyen terme, mais pourrait l'être avant la fin de ce siècle, au dire des chercheurs.

Pourtant, la production d'électricité à partir de centrales nucléaires fait aujourd'hui l'objet de controverses, en raison des risques qu'elle comporte à court comme à long terme : risques d'accidents d'exploitation, risques liés au traitement des déchets et risques de prolifération à des fins non pacifiques. Il est donc essentiel que les pouvoirs publics suscitent un débat informé sur ces risques, que les chercheurs y participent activement, disent ce que l'on sait et ce que l'on ne sait pas, car rien ne serait pire que le silence feutré qui entoure les décisions en ce domaine[9]. L'enjeu est de taille, car on ne saurait faire courir de risques inutiles à la population, mais on ne saurait non plus renoncer à un atout majeur tant pour le bien-être de ces populations que pour la compétitivité de la France et l'indépendance énergétique de l'Europe. Notre propos est ici de dire très sommairement quels sont les éléments de ce débat en l'état actuel des connaissances.

1. Risques d'accidents et risques de conséquences sanitaires

La probabilité d'accident majeur par fusion du cœur d'un réacteur à eau légère – les risques d'explosion atomique étant impossibles – apparaît inférieure à

5 chances sur 10^{-5} par année de vie d'un réacteur au début des années 1990 et tend à baisser de plus d'un facteur 10 dans les parcs existants et dans les nouveaux réacteurs envisageables à court terme [10] (cas de l'EPR ou réacteurs de « génération 3+ »).

Pour que l'accident ait des conséquences sanitaires, il faut qu'il s'accompagne de la réalisation d'un risque supplémentaire, la rupture de l'enceinte. Dans le cadre d'un tel enchaînement d'événements défavorables, différents scénarios de gravité des rejets ont été étudiés, en distinguant les effets au voisinage immédiat du réacteur accidenté (quelques centaines de mètres), au niveau local (quelques kilomètres) ou régional (quelques dizaines de kilomètres). Le nombre de décès précoces est nul dans la majorité des scénarios et inférieur à 10 dans le scénario le plus sévère.

Mais certaines études fondées sur la position méthodologique d'absence d'effets de seuil – la santé des personnes serait menacée quelle que soit la faiblesse des doses de radiations reçues collectivement par les populations environnantes – font état de plusieurs milliers de décès à court, moyen et long terme pour certains de ces scénarios. Le débat porte alors sur le fait de savoir s'il faut étendre l'hypothèse d'absence d'effets de seuil à l'évaluation des conséquences sanitaires de l'exposition collective permanente à la radioactivité naturelle cosmique et terrestre. Il est probable qu'une telle évaluation ferait aussi état de milliers de décès potentiels, c'est-à-dire d'un chiffre analogue à celui qui mesurerait la dangerosité du nucléaire civil. On le voit, le débat n'est pas encore vraiment éclairé, et il convient d'en poser mieux les termes, d'en préciser les enjeux si l'on veut que les symboles ne l'emportent pas sur les faits. À ce propos, l'Académie nationale de médecine a adopté, à l'unanimité, une communication sur les problèmes posés par les rayonnements ionisants. On peut y lire : « L'Académie rappelle qu'à dose égale, les effets biologiques des différents types de rayonnements sont identiques, que leur origine soit naturelle ou artificielle… Cependant, par "précaution", la réglementation est toujours fondée sur l'hypothèse qu'il pourrait exister un risque cancérigène, induit par de faibles doses et débit de dose, en extrapolant les données observées sur des groupes humains très fortement exposés et ceci sans être limité par un seuil, même au niveau des très faibles doses. Les progrès accomplis dans la connaissance des effets des rayonnements retirent toute justification scientifique à cette hypothèse qui surévalue très largement un risque qui n'a jamais été démontré à ces faibles niveaux… L'Académie, comme la Commission internationale de protection radiologique (CIPR), dénonce l'utilisation de la relation linéaire sans seuil pour estimer l'effet des doses d'irradiation de quelque millisieverts. Elle s'oppose aussi à l'utilisation abusive de la notion de "dose collective". Celle-ci implique un risque supposé, mais jamais démontré, des très faibles activités à tous les individus d'une population, ce qui aboutit automatiquement à la mesure d'un détriment qui n'a aucune réalité. » Cette communication est si claire qu'elle se passe de tout commentaire.

L'accident de Tchernobyl nourrit des craintes légitimes et il convient, ici aussi, d'en revenir aux faits. Les facteurs qui expliquent l'accident et ses lourdes conséquences – instabilité du cœur, règles laxistes d'exploitation, absence d'enceinte, incendie alimenté par le graphite contribuant à une dissémination étendue des produits de fission – apparaissent tous aujourd'hui comme impossibles dans les réacteurs des pays de l'OCDE. Quant à l'évaluation des effets sanitaires à long terme de l'accident de Tchernobyl, elle fait l'objet des mêmes débats que ceux relatifs à l'effet des faibles doses collectives.

2. Quantité et dangerosité des déchets nucléaires

La question des déchets nucléaires est celle à laquelle l'opinion publique est la plus sensible. Une enquête réalisée par les services de la Commission européenne en 2001 montre que deux Européens sur trois seraient favorables au nucléaire si le problème des déchets était résolu.

Les volumes annuels de déchets «à vie courte» (demi-vie inférieure à trente ans) et/ou à faible activité sont de plusieurs milliers de mètres cubes. Leur volume, comme leur dangerosité, sont analogues à ceux des milliers de tonnes de déchets industriels «spéciaux» produits par les industries minières et énergétiques.

Pour ce qui concerne les déchets «à vie longue» (demi-vie supérieure à trente ans) et haute activité, la quantité des produits de fission cumulée jusqu'en 2050 en France – en supposant que le parc actuel soit prolongé jusqu'à cette date – serait inférieure à 5 000 tonnes et la quantité d'éléments lourds (actinides mineurs et plutonium, en considérant ce dernier comme déchet et non plus comme ressource énergétique) resterait inférieure à 600 tonnes. Comparés aux déchets toxiques, notamment les métaux lourds dont la dangerosité est également à vie longue, et dont l'enfouissement est autorisé (Stocamine), ces quantités paraissent faibles. Les déchets nucléaires à vie longue, ou à moyenne/haute activité, ne provoquent actuellement aucun dommage sanitaire ou environnemental puisqu'ils restent entièrement séquestrés par l'industrie nucléaire, alors que d'autres industries continuent à rejeter des polluants dans l'eau ou l'atmosphère. La dangerosité à long terme devrait également être comparée à celle des métaux lourds en termes de durée – la radiotoxicité des produits de fission est divisée par dix tous les cent ans, celle des actinides mineurs et plutonium est homogène à la dangerosité des métaux lourds –, de risque de fuite et de diffusion – sûreté des containers, sûreté géologique… – et *in fine* de risque de dommage pour l'homme et son environnement. Il faut cependant noter que le problème de l'enfouissement des déchets nucléaires à vie longue n'a toujours pas été vraiment résolu dans les faits. Depuis la loi Bataille de 1991, introduisant trois voies à explorer et fixant une échéance en 2006, le dossier a peu avancé sur le fond.

En définitive, les déchets nucléaires n'apparaissent pas fondamentalement différents des déchets dangereux liés à d'autres activités. Cette conclusion met en défaut l'hypothèse communément acceptée selon laquelle le nucléaire serait la plus dangereuse des activités. Mais une telle constatation n'est que de faible soulagement. La pollution du fait des autres ne peut être un alibi légitimant d'autres pollutions. Cela ne suffit donc pas. Il reste encore à prouver que du point de vue du bien-être, le nucléaire civil comporte plus d'avantages que d'inconvénients et que ce que l'on sait des évolutions techniques nous conduit à penser que ses nuisances potentielles pourront être maîtrisées ou, mieux encore, empêchées. Sur ce second point, il est fort probable que cela se passe ainsi : l'incitation au progrès technique est forte, dans la mesure où, quel que soit l'avenir du nucléaire civil, il faut régler la question des déchets existants et de ceux qui seront produits dans les trente prochaines années ; de surcroît, la question se pose indépendamment de la production d'électricité, en raison de l'existence (et de la permanence ?) du nucléaire militaire et du nucléaire médical. C'est pourquoi il est urgent, de provoquer un débat scientifique sur la question, de façon que l'information publique soit de nature à mieux éclairer la décision, à apaiser les craintes des populations, et à leur permettre de choisir en toute connaissance de cause !

3. Le risque de prolifération de l'arme atomique

Les technologies du nucléaire civil, aujourd'hui largement séparées des filières militaires, favorisent-elles le risque de prolifération de l'arme atomique ? Il faut d'abord souligner que la construction d'une bombe atomique est réalisable sans passer par le nucléaire civil, à un coût bien moindre et de façon plus discrète. Il existe de surcroît, dans le nucléaire civil, des contrôles internationaux sous l'égide de l'AIEA (Agence internationale de l'énergie atomique), contrôles destinés à être sérieusement renforcés. Le détournement de déchets nucléaires à des fins condamnables demeure certes un risque, mais, en raison de leur traçabilité, moindre que celui lié au détournement de produits chimiques et biologiques. S'il existe un danger de prolifération lié au nucléaire aujourd'hui, il proviendrait davantage du trafic de moyens militaires qui a suivi l'effondrement du régime soviétique.

Les arguments qui viennent d'être développés s'appliquent strictement aux dangers liés aux réacteurs à eau légère actuellement en service, ou à leurs successeurs potentiels immédiats. L'analyse des dangers liés à l'usage du thorium ou de l'uranium 238 est prématurée à ce stade, même s'il est probable que les progrès techniques permettront de mieux les maîtriser.

4. Partage des responsabilités entre pouvoirs publics et opérateurs industriels

Comme pour d'autres industries présentant des risques majeurs portant sur le long terme, il convient d'examiner le partage des responsabilités entre l'entreprise industrielle, les assurances financières, et les pouvoirs publics, « assureurs en dernier ressort ».

Le démantèlement des réacteurs constitue généralement une opération industrielle à la charge de l'opérateur, dans le cadre d'une réglementation. Le financement des opérations est assuré par les recettes de l'opérateur perçues lors de l'exploitation des réacteurs correspondants. La gestion financière des provisions relève aussi de la responsabilité de l'opérateur industriel. Ce système semble satisfaisant dans la mesure où il s'accompagne d'une vérification régulière de l'existence réelle d'actifs, prouvant la réalité de l'engagement de l'opérateur, vis-à-vis des passifs correspondants.

Mais on peut imaginer un partage des responsabilités entre l'opérateur producteur d'énergie et un opérateur chargé du démantèlement et créé pour l'occasion (les Italiens et les Espagnols semblent s'orienter vers cette seconde modalité). La responsabilité du premier s'arrête à l'issue de la production d'électricité. Il extrait donc de son bilan le passif et l'actif correspondant à ses charges futures, que le second récupère, à charge pour lui d'en assurer la gestion financière et, *in fine*, les opérations de démantèlement. La première solution semble préférable dans la mesure où elle permet une concentration des compétences et empêche une dilution des responsabilités.

La responsabilité du stockage des déchets à vie longue[11] peut être organisée de la même façon selon deux modalités. La première implique le transfert de propriété du combustible aux pouvoirs publics après son usage en réacteur. Ces derniers définissent une politique sur l'aval du cycle, et passent contrat avec des industriels en charge de sa mise en œuvre. L'opérateur d'électricité verse alors une taxe aux pouvoirs publics en compensation de ce transfert de responsabilité (c'est le cas aux États-Unis et en Espagne).

La seconde modalité consiste à confier la responsabilité du stockage à l'électricien, sous le contrôle des pouvoirs publics aux fins de vérifier son action et la sincérité de ses intentions (Suède et Finlande pour le nucléaire, France pour le stockage des déchets toxiques contenant des métaux lourds en Alsace). En ce cas, l'électricien, financièrement responsable du devenir des déchets, pourrait externaliser à une autre entreprise le soin de procéder aux opérations, ou les réaliser lui-même. Il agirait dans un champ réglementaire défini par les pouvoirs publics, et seule la responsabilité de long terme (cinquante ou cent ans) du stockage incomberait de fait à l'État (c'est le cas en Scandinavie)[12].

L'analyse du mérite comparé de ces deux solutions est encore à faire. L'air du temps – la préférence pour le principe pollueur-payeur, pour la responsabilisation des entreprises en matière d'environnement – pousse logiquement en faveur de la seconde. Mais la première a l'avantage de confier d'emblée à l'État une responsabilité qui, de toute façon, lui incombera à long terme.

Quelle que soit la solution retenue, l'ouverture du marché de l'électricité exige une clarification des responsabilités respectives des acteurs publics et privés.

Dès son origine, le développement de l'énergie nucléaire s'est appuyé sur un cadre juridique spécifique élaboré au niveau international, en matière de responsabilités civiles en cas d'accident. Qu'il s'agisse des conventions de Paris, de Vienne ou des régimes nord-américains, les principes en sont les mêmes. Ainsi, l'exploitant nucléaire est seul responsable quelle que soit l'origine de l'accident ; la victime doit seulement démontrer la relation de cause à effet entre les dommages subis et l'accident, et non la faute de l'exploitant. En contrepartie, les obligations de l'exploitant sont limitées financièrement (plafond actuellement de 600 millions de francs qui devrait être porté à 700 millions d'euros prochainement) et dans le temps (dix ans) ; l'exploitant est obligé de s'assurer pour ce plafond. Des compléments d'indemnisation par l'État (prochainement 500 millions d'euros) et par la communauté des États signataires (prochainement 300 millions d'euros) abonderont ce plafond.

Le plafonnement des responsabilités financières est élevé comparativement à celui d'entreprises d'autres secteurs soumis aux risques de catastrophes naturelles (tremblements de terre, par exemple), mais paraît faible au regard des coûts potentiels des accidents les plus catastrophiques (voir l'estimation de 85 millions d'euros associée à Tchernobyl).

Si, dans le cas général des industries, la responsabilité est théoriquement illimitée (mais reste limitée *de facto* par les capacités financières de l'entreprise), la nécessité de prouver la responsabilité conduit généralement à des procès longs et à des indemnisations tardives, comme en témoignent de nombreux exemples. Un système où la responsabilité de l'opérateur est automatiquement reconnue, mais limitée en matière d'indemnisation, comporte des avantages comparativement à un système où il appartient à la victime de chercher et de démontrer la responsabilité de tel ou tel acteur. Mais il est exorbitant du droit commun, ce qui pourrait signifier qu'implicitement l'État reconnaît que sa responsabilité est, s'agissant du nucléaire, toujours engagée.

En guise de conclusion

L'exercice de prospective énergétique auquel nous venons de procéder, quelle qu'en soit la fragilité, permet quelques conclusions. L'avenir des énergies fossiles paraît limité, et leur coût indéterminé, en raison des incertitudes qui pèsent encore sur l'évolution des législations en matière de protection de l'environnement et de limitation des émissions de CO_2. Leur utilisation comporte de surcroît des risques géopolitiques avérés en ce qu'elle réduit l'indépendance énergétique de l'Europe. Il n'est donc pas d'autre solution que le développement des énergies renouvelables. Il ne fait aucun doute que la contribution de ces dernières à la satisfaction des besoins mondiaux est appelée à croître, mais une forte incertitude demeure quant à l'importance que prendra cette contribution : au plus un quart à l'horizon 2050. Pour que ce seuil soit dépassé à l'horizon 2100, il faudrait tabler sur le développement de technologies dites *backstop* dont l'émergence à un coût raisonnable relève d'un pari risqué sur le futur.

Reste le nucléaire. L'utilisation de thorium et plus encore d'uranium 238 repousse de quelques milliers d'années l'horizon de l'épuisement des ressources. Elle ne comporte pas l'inconvénient d'émission de CO_2, et le coût de l'électricité qu'elle permet de produire apparaît raisonnable. L'avantage en termes d'indépendance énergétique qu'elle conférerait à l'Europe est considérable. Pourtant, les dangers liés au nucléaire civil pourraient conduire à y renoncer : risques d'accidents, devenir des déchets, évaluation des conséquences en termes de santé publique… Ces dangers sont-ils surévalués et/ou pourraient-ils être réduits? Le problème est qu'aucune discussion apaisée sur ces questions ne semble pouvoir prendre place. Le débat ressemble à un affrontement de lobbies d'où il ne ressort qu'une obscure clarté : d'un côté la rhétorique et l'appel aux fantasmes ; de l'autre la minimisation des problèmes ou un silence qui confine au secret et qui alimente toutes les craintes.

Il est de la responsabilité des pouvoirs publics de provoquer un débat vigoureux et indépendant, dont, en toute logique, ils n'ont aucun intérêt à manipuler les termes puisqu'ils sont en charge du bien-être des populations. Ils pourraient ainsi s'affranchir des lobbies, pour mieux accomplir leur mission. Il leur revient aussi, au terme d'une discussion sur l'ensemble des sources possibles d'énergie du futur et de leurs conséquences sur l'environnement, d'arrêter une politique, et d'en communiquer les termes. Cela est crucial pour éclairer les choix d'investissement et les stratégies de recherche et développement des opérateurs d'électricité. Autrement, le risque est grand que l'incertitude conduise les entreprises à sous-investir, ou à procéder à des investissements qui deviendraient non rentables en raison de l'évolution de la législation. Dans l'un et l'autre cas, ce sont les populations qui en supporteront les conséquences.

Il est vrai qu'il serait préférable de conduire ces débats et discussions à l'échelle européenne, pour des raisons que nous avons déjà dites : le marché unique de l'électricité rend illusoires les politiques nationales d'indépendance énergétique ou de protection de l'environnement. Mais il ne semble pas que nous en prenions le chemin, comme en témoigne la décision du Parlement belge d'arrêter les centrales nucléaires à l'horizon 2020. Car que signifie une telle décision, en l'absence d'un accord européen ? Soit interdire l'approvisionnement de la Belgique à partir d'autres pays qui produisent de l'électricité « nucléaire », ce qui reviendrait à segmenter le marché européen ; soit ne point le faire, et donc adopter une attitude de « passager clandestin », profitant des prix avantageux de cette électricité, tout en cherchant à supprimer les nuisances potentielles liées à l'installation de centrales nucléaires sur le territoire national (mais les conséquences d'un incident s'arrêtent-elles aux frontières ?). Une telle décision, faute d'être concertée à l'échelle européenne, ne peut ainsi qu'accroître l'incertitude de l'investissement en Belgique, comme dans les autres pays européens.

Notes

1. Cette surcapacité du nucléaire disparaît à partir d'un prix du pétrole à 25 dollars le baril, en raison des obligations d'exportations (70 terrawatt-heure) fixées par les pouvoirs publics et, en l'occurrence, parfaitement justifiées.

2. Cf, notamment, S. Borenstein et J. Bushnell, « Electricity Restructuring : Deregulation or Reregulation ? », Programme on Workable

Energy Regulation *(POWER)*, *Working paper PWP-074*, Californie, Berkeley. Les auteurs écrivent : « La combinaison d'une demande et d'une offre très inélastiques à court terme (en période de pointe) ainsi que la nature en temps réel du marché [...] rendent les marchés de l'électricité très vulnérables à l'exercice d'un pouvoir de marché » (p. 8).

3. F.A. Hayek, « The Use of Knowledge in Society », *American Economic Review*, septembre 1945, p. 526-527.

4. Paul Joskow, « California's Electricity Crisis », *Working paper*, MIT, 2001.

5. Mais cette technique n'est pas optimale : les profils de consommation changent en effet avec la tarification. Si, par exemple, le prix était forfaitaire, les chauffe-eau et lave-vaisselle marcheraient le jour.

6. Au Royaume-Uni, le développement massif des compteurs à prépaiement – 1 million en 1991, 3,5 millions depuis 1996 – dont l'installation est devenue presque systématique en cas de retard de paiement, explique la quasi-disparition des coupures depuis 1995. Mais un quart environ des clients avec compteur à prépaiement, soit 900 000, se seraient eux-mêmes déconnectés en 2000 : d'abord par négligence (déconnexions généralement inférieures à 7 heures), par nécessité financière ensuite, – 6 % de l'échantillon analysé, 50 000 en extrapolant.

7. Cf. l'argumentation de J.-M. Martin, en réponse à un article de C. Campbell et J. Laherrère : « La fin du pétrole bon marché », *Pour la science*, mai 1998.

8. Comme cela s'est produit en Europe pendant la canicule de l'été 2003.

9. La canicule de l'été 2003 a accru les inquiétudes : on ne peut en principe pas assurer le refroidissement des centrales nucléaires au-delà d'une certaine température ambiante. Mais, d'une part, de simples aménagements techniques pourraient rendre les centrales moins dépendantes des variations climatiques, et d'autre part, le problème se pose pour toutes les centrales en raison de l'effet de la chaleur sur les systèmes informatiques de gestion. Il convient enfin de rappeler que des centrales nucléaires fonctionnent en Chine et en Inde, pays où les variations de température sont autrement fortes.

10. Sur vingt ans et sur l'ensemble d'un parc de l'ordre de 100 réacteurs comme aux États-Unis, on obtient une probabilité d'accidents inférieure à 1 %, et une probabilité d'accidents avec conséquences sanitaires plus faible.

11. Le cas français actuel est intermédiaire, avec des responsabilités diffuses : EDF est financièrement responsable mais a peu de moyens de contrôle de l'ANDRA, organisme de recherche aux compétences industrielles réduites ; les pouvoirs publics décident des programmes mais ne les financent pas.

12. Au-delà de cinquante ans, la responsabilisation d'une entreprise privée apparaît moins crédible vis-à-vis des générations futures que celle des pouvoirs publics (elle-même limitée). Ces derniers sont donc plus « décisifs » à ces horizons... quitte à renouveler en temps utile des délégations industrielles appropriées.

CHAPITRE 6

Gouvernance et ouverture du capital d'EDF

Nous avons montré qu'un comportement d'entreprise du troisième type supposait qu'une partie du capital soit contrôlée par des acteurs ayant une vision de long terme ou un intérêt différent de celui des actionnaires. En d'autres termes, EDF ne peut rester ou devenir une entreprise du troisième type qu'à la condition qu'une partie de son capital reste publique.

Dans un secteur aussi sensible et aussi névralgique que celui de l'électricité, l'articulation entre le court et le long terme est une nécessité et revient, *in fine*, à l'adoption d'un principe de précaution. La présence de l'État dans le capital de l'entreprise permet de faciliter la réversibilité des décisions, dans l'hypothèse où l'organisation concurrentielle du marché, ou sa régulation, se révéleraient inappropriées, en même temps qu'elle assure la représentation des parties prenantes non représentées. Mais la présence de l'État, condition nécessaire, n'est en aucun cas suffisante. Encore faut-il que les administrateurs le représentant aient intégré dans leurs objectifs le long terme et le développement durable, c'est-à-dire l'intérêt de l'ensemble des *stakeholders*. Ce qu'enseigne l'exemple de France-Télécom, c'est qu'une entreprise ne peut être du troisième type si l'ensemble de ses actionnaires, fussent-ils publics, adoptent un comportement d'actionnaires privés.

Ce qui caractérise une entreprise du troisième type, c'est que son mode de gouvernance conduit chacune des différentes catégories d'actionnaires à internaliser les préoccupations des autres catégories. Si, au contraire, seules les préoccupations des actionnaires privés étaient prises en considération, elle ne serait pas différente des autres types d'entreprises. On pourrait objecter qu'il n'y a rien de mal à cela et, qu'après tout, une entreprise opérant dans un secteur concurrentiel devrait être totalement privée[1]. Certes, mais nous l'avons abondamment souligné, le secteur de l'électricité n'est pas un secteur comme un autre, en ce que les marchés n'y fournissent pas les signaux de prix nécessaires pour permettre la maximisation des profits par les entreprises. Cela seul fait encourir des risques et au service public et aux actionnaires privés, qui sont incommensurables avec ceux de la très grande majorité des autres secteurs. Ces risques ne sont pas théoriques en ce qu'ils se sont déjà matérialisés en plusieurs circonstances très différentes (Californie, Enron, British Energy, etc.) au plus grand détriment... de la majorité des actionnaires privés. Il faut ajouter à ces risques, provenant du fonctionnement même des marchés, ceux relatifs à l'instabilité de la régulation – dont tout incite à penser qu'elle se trouve encore et pour un temps indéterminé dans un processus d'apprentissage – et les incertitudes résultant tant des évolutions à venir de la législation sur l'environnement, que des choix énergétiques que les pouvoirs publics européens devront faire demain. Par exemple, quelles conséquences aura sur la valorisation d'Electrabel le choix d'arrêter le nucléaire civil en Belgique à l'horizon 2025? Il apparaît ainsi que l'intérêt même des actionnaires privés est mieux préservé dans le cadre d'une entreprise du troisième type, en raison de la vision de long terme qu'il impose, et de la stabilité de l'entreprise qu'il permet. Mais ce cadre est en même temps favorable à l'intérêt général dans la mesure où il permet de mieux prendre en considération les exigences du service public et du développement durable.

Il est essentiel, pour qu'une gouvernance du troisième type s'instaure, que les représentants de l'État au conseil d'administration reçoivent des directives claires quant aux objectifs qu'ils sont censés faire prévaloir. Ces objectifs étant déterminés, et nous avons longuement débattu de ce qu'ils devraient être, ces administrateurs devraient jouir d'une grande indépendance de moyens pour les satisfaire, de façon que les décisions du conseil d'administration – qui comprend l'ensemble des actionnaires et des représentants du personnel – puissent effectivement être indépendantes. On attend, en effet, d'une entreprise du troisième type une gestion transparente, de manière à éviter les interférences politiques sur les décisions, dont les seules motivations devraient être la satisfaction des objectifs d'intérêt général *et* la rentabilité de l'entreprise. Une indépendance de moyens ne se conçoit pas sans responsabilités et sans incitations. Il faudrait que l'État réfléchisse à un statut des administrateurs le représentant, afin de clarifier leurs responsabilités et de déterminer un mode de rémunération suffisamment incitatif. Il est nécessaire que les administrateurs consacrent le temps suffisant à la préparation des conseils de façon à aboutir à des décisions informées, ce qui devrait éviter à l'avenir que des décisions fondamentales pour le développement de l'entreprise et l'accomplissement de ses missions ne soient prises au terme d'un examen très superficiel des dossiers. Les représentants de l'État devraient être choisis en fonction de leurs compétences, dans le secteur public comme dans le secteur privé.

Dans un contexte concurrentiel, il ne semble pas y avoir d'alternative à l'ouverture du capital d'EDF. L'européanisation, comme la mondialisation du groupe, en dépend. Ce que nous avons tenté de montrer dans ce rapport est que cette ouverture pourrait être mise à profit pour que l'entreprise accomplisse encore mieux ses missions de service public et se préoccupe davantage encore de l'intérêt général en participant à l'objectif de développement durable, objet d'une demande sociale croissante. La gouvernance d'une entreprise du troisième type devrait permettre d'éviter certains dysfonctionnements du passé liés à l'interférence de la politique (à court terme) dans les décisions de l'entreprise. En forçant l'État (i.e. les administrateurs le représentant) à la transparence, on le contraint à la bienveillance dans la mesure où il doit expliciter ses objectifs, de court, moyen et long terme et dans la mesure où ces objectifs peuvent être discutés. Ce n'est donc pas la préoccupation du financement du développement de l'entreprise qui conduit à l'ouverture, mais l'intérêt de l'usager du service public de l'électricité, celui du contribuable, et enfin celui de la construction européenne elle-même. Si ces intérêts étaient mieux préservés par le marché ou par un quasi-monopole public, il conviendrait de ne point hésiter.

Cette ouverture doit obéir à des principes clairs, en raison des enjeux du nucléaire, mais aussi des incertitudes qui pèsent sur l'organisation du secteur à l'échelle européenne. Elle pourrait emprunter deux modalités différentes.

Dans la première, une holding publique serait créée, et seul le capital des filiales serait ouvert à l'actionnariat privé, et aussi, pour celles qui correspondent à une activité en France, aux collectivités locales. Le risque d'une telle solution est celui d'une désintégration progressive du groupe EDF : certaines filiales pouvant rester publiques, tandis que d'autres pourraient être totalement privatisées. Il est à craindre, par exemple, que pour des raisons plus symboliques que réelles, le nucléaire reste à 100 % public et soit ainsi séparé du reste du groupe au détriment d'une stratégie d'«acteur industriel intégré». Même si cela n'était pas le cas, une telle solution ne serait pas vraiment compatible avec l'émergence d'une entreprise du troisième type.

Dans la seconde, c'est le capital de la holding qui serait ouvert à l'actionnariat privé, à hauteur tout au plus de 49 %. Cette solution aurait pour mérite de préserver l'unité de l'entreprise et donc sa capacité à valoriser les synergies de métiers entre les filiales de la holding. Elle serait aussi davantage incitatrice au développement du département R&D (recherche-développement) à l'échelle du groupe.

La seule objection que l'on puisse faire à cette proposition est qu'elle ne garantit pas la pérennité d'une entreprise du troisième type, qui constitue la légitimation même de l'ouverture. Si, en effet, on décide aujourd'hui de l'ouverture du capital, comment garantir que dans quelques années, pour favoriser une alliance industrielle ou pour répondre à un besoin budgétaire de l'État, on ne privatisera pas totalement l'entreprise sans réel débat? Il faudrait, pour éviter pareille, éventualité élaborer une charte qui, à tout le moins, prévoie l'organisation d'un débat informé et/ou le vote d'une loi, si une telle décision était envisagée. Cela permettrait de discuter sur le fond et d'expliciter les objectifs d'intérêt général présidant à la décision.

L'accession de partenaires européens à l'actionnariat du groupe devrait être encouragée. Elle permettrait à EDF de mettre en œuvre les décisions d'échange ou d'accroissement de capital associées à l'évolution de sa stratégie industrielle et commerciale. Ces changements devraient également permettre d'affranchir l'entreprise du principe de spécialité. Un schéma d'échanges de participations avec EnBW et Edison apparaîtrait ici dans l'ordre des choses. La possibilité de tels échanges de participations n'a pas, en général, la faveur des régulateurs, en raison des distorsions qu'elle peut introduire dans la concurrence; ne pourrait-elle pas être interprétée comme une tentative par les entreprises de capter à leur profit – et au détriment du consommateur – les rentes de monopole que permet la concentration? Mais, en ce domaine, nous l'avons vu, la Commission européenne dispose des pouvoirs nécessaires pour empêcher les concentrations dans l'hypothèse où elles porteraient atteinte à l'intérêt général.

L'accession des collectivités locales à la gouvernance d'EDF pourrait aussi faire sens compte tenu de la nature des relations entre l'entreprise et les concédants de la distribution. Ce schéma est cependant tributaire d'une négociation politique délicate à conduire (attribution des droits inscrits au bilan, jeux d'acteurs vis-à-vis d'une EDF «concessionnaire obligée»…). Il pourrait être plus pertinent de les faire intervenir plutôt au niveau de l'activité de distribution régionale ou locale comme nous l'avons évoqué ci-dessus.

L'ouverture du capital et le statut d'entreprise du troisième type n'acquerront leur pleine légitimité qu'avec le consentement des personnels d'EDF. Ceux-ci évidemment, en tant que *stakeholders*, doivent participer à la gouvernance de l'entreprise, mais ils doivent surtout adhérer à son projet. Or ils peuvent craindre que les exigences de la compétitivité de l'entreprise et la nécessité de gains de productivité ne suscitent une évolution défavorable de leur statut. Mais ces exigences et cette nécessité sont indépendantes de la nature du capital de l'entreprise, puisque l'ouverture des marchés et la dissociation juridique de l'entreprise d'avec le secteur et d'avec le service public mettent d'ores et déjà EDF dans une situation concurrentielle. Il convient donc d'aborder la question des ressources humaines sous l'angle de l'entreprise du troisième type, c'est-à-dire d'élaborer des règles et modes de gouvernance présentant des avantages pour chacun, incluant aussi bien le personnel en place que le personnel à venir. Il faut dégager des gains de productivité, qui favorisent un «jeu à somme positive», et nous avons déjà souligné qu'en la matière il existe des gisements de productivité. Après tout, EDF détient une position de compétitivité telle qu'elle n'a rien à redouter et plutôt tout à gagner de la concurrence. Plus précisément, il dépend de l'implication de son personnel qu'il en soit ainsi. De surcroît, les personnels d'EDF, mieux que quiconque, ont pu apprécier certaines des carences de l'État auxquels le statut d'entreprise du troisième type est appelé à remédier (ce qu'ils appellent les dangers de l'étatisation). C'est pourquoi il est essentiel de débattre avec eux de ce statut, pour éventuellement trouver d'autres formes (de cogestion) qui favoriseraient leur implication. L'ouverture du capital peut ainsi être appréhendée comme un moyen de mettre en mouvement l'entreprise par rapport aux grands enjeux du futur. Les réflexions sous-jacentes qu'elle induit, tant sur l'évolution du statut que sur la remise à plat du système de retraites, ou d'autres enjeux, devraient permettre une prise de conscience collective de la nécessité d'un assainissement de la situation actuelle, que l'entreprise reste publique ou non. La question des retraites, notamment, est posée en termes généraux, pour tous les personnels publics, et il convient de vraiment l'affronter, au-delà des péripéties qui ont conduit au rejet du projet de réforme.

L'ouverture du capital exige ainsi que soient résolus, au préalable, un certain nombre de problèmes fort bien identifiés : le droit des concédants, l'avenir du nucléaire (et des provisions constituées à cet effet), la question des retraites. Tant que ces problèmes ne seront pas résolus, la valorisation de l'entreprise demeurera incertaine.

La gouvernance d'une entreprise du troisième type implique enfin d'objectiver les performances à partir desquelles sa gestion peut être appréciée. Cela suppose, d'une part, l'organisation de réunions récurrentes avec les *stakeholders* dont elle a en charge les intérêts, et la conception d'un tableau d'indicateurs permettant d'apprécier dans quelle mesure ses objectifs ont été atteints. Parmi ces indicateurs devraient figurer, certes, ceux des performances financières de l'entreprise, mais aussi ceux relatifs à sa gestion des ressources humaines, à la satisfaction de ses clients-usagers, à son action sociale, à son action environnementale, à ses efforts en matière de recherches-développement pour préparer l'avenir.

Afin de dissiper les derniers doutes qui pourraient subsister, demandons-nous quelles seraient les conséquences pour EDF d'un scénario où l'entreprise resterait à 100 % publique sous un statut d'Epic (établissement public industriel et commercial), en même temps que sur la pertinence de sa stratégie actuelle. Si les conséquences du statu quo sur la structure du capital d'EDF n'apparaissent pas a priori impossibles à surmonter, elles comportent certains inconvénients relatifs au comportement de l'actionnaire principal, à l'efficacité de la gestion, à l'adhésion du «corps social interne» – l'absence d'incitation à s'insérer dans une dynamique positive de changement –, à l'incompréhension des autorités européennes et des entreprises concurrentes, etc. Mais, surtout, le statu quo juridique de l'entreprise engage sans doute un changement encore plus profond de sa dynamique industrielle et de sa stratégie de développement que son évolution vers une entreprise du troisième type. Cela ne porterait pas à conséquence si l'on était assuré et de la possibilité d'un tel changement et des résultats que l'on pourrait en escompter.

Tout compte fait, l'évolution vers une entreprise du troisième type permet de tracer des perspectives plus claires et de mieux préparer l'avenir : l'ouverture du capital ne doit en aucun cas être considérée comme une contrainte, mais comme une opportunité.

Mais qu'en est-il des règles ? Un constat (postulat ?) de notre analyse est qu'une entreprise du troisième type ne peut vraiment survivre dans un environnement concurrentiel que si les règles sont elles-mêmes du troisième type. Pour que l'intérêt général soit vraiment préservé, il est aussi essentiel, nous l'avons vu, que les règles permettent à la fois d'assurer la stabilité du marché et une préparation satisfaisante du long terme. Cela implique que les règles soient transparentes, crédibles et efficaces. La répartition des responsabilités entre opérateurs industriels, régulateurs et pouvoirs publics doit être clarifiée. Les régulateurs nationaux et européens devraient s'atteler à la tâche urgente d'une véritable construction d'un marché unique de l'électricité, sans lequel l'ouverture à la concurrence perdrait beaucoup de sa légitimité. Cela suppose que l'application du droit de la concurrence soit adaptée aux caractéristiques du secteur, que l'on sache faire le départ entre concurrence formelle et concurrence effective, puisqu'il est établi que le marché de l'électricité n'est semblable à aucun autre en raison des problèmes d'information que son organisation suscite. Il faut notamment prendre en compte le fait que la désintégration des opérateurs historiques pourrait être un remède pire que le mal, du point de vue de la concurrence elle-même, mais aussi de celui de l'intérêt général. Il faudrait aussi progresser vite vers la constitution d'un réseau de transport européen et, en attendant, renforcer la coordination entre les réseaux de transport nationaux et accroître la capacité des interconnexions. Il faudrait enfin que les pouvoirs publics clarifient leurs politiques en matière d'environnement, de choix et d'indépendance énergétique.

Au terme de cette réflexion, il apparaît que l'entreprise du troisième type dans le secteur de l'électricité n'est pas une construction artificielle, un moyen terme, un projet mou, destiné à réduire les oppositions à toute ouverture du capital d'EDF, ou, au contraire, à celle de la présence de l'État dans une entreprise industrielle et commerciale. Elle est une construction positive qui répond à l'existence de deux incomplétudes irréductibles, celle des contrats et institutions d'une part, celle de la «bienveillance» de l'État d'autre part. L'association du capital public et privé permet de pallier ces incomplétudes. Celle de la régulation dont on a vu qu'elle connaissait un processus d'apprentissage à l'issue indéterminée, y compris dans les pays pionniers en matière de libéralisation, fait peser des incertitudes majeures sur le fonctionnement futur des marchés de l'électricité, dont l'impact sur le coût des missions de service public et la rentabilité des capitaux investis pourrait être considérable. La présence de l'État, assureur en dernier ressort, son implication dans l'élaboration des règles, sont susceptibles de réduire ces incertitudes au profit des actionnaires privés. Il existe toujours un contre-exemple à une proposition, et malheureusement celui de France-Télécom est dans tous les esprits. Il peut arriver, en effet, que tout le monde se trompe en même temps, et l'erreur des actionnaires y a été indépendante de la nature du capital qu'ils représentaient, public ou privé. C'est généralement toujours ce qui se passe lorsque se forme une bulle spéculative, même, ou peut-être surtout, lorsqu'elle est rationnelle. Mais l'exception ne fait pas règle.

La seconde incomplétude est liée à la difficulté, ou même, à l'impossibilité de représenter l'ensemble des parties prenantes. La participation de l'État au capital y remédie. Symétriquement, la présence d'actionnaires privés oblige à une plus grande transparence, et il dépend de la vigilance de ces actionnaires que leur intérêt soit bien prises en compte. Après tout, l'État actionnaire – dès le moment où les exigences du service public et du développement durable sont prises en compte – a les mêmes intérêts que n'importe quel actionnaire privé, celui du rendement le plus élevé possible, les recettes publiques pouvant s'en trouver accrues. D'un autre côté, les capitaux privés, parce qu'ils permettent de financer le développement d'une activité de service public, sont pour ainsi dire socialisés... mais entre des mains partiellement privées.

Note

1. Nous n'invoquerons pas ici l'objection, facile mais réelle, selon laquelle les actionnaires dans la période actuelle sont en bon droit de se demander si la gouvernance des entreprises privée permet effectivement de sauvegarder leur intérêt.

TABLE DES MATIÈRES